全屋定制效果图
从入门到精通

雨丰设计　雒文静　编著

江苏凤凰科学技术出版社·南京

图书在版编目（CIP）数据

全屋定制效果图从入门到精通 ／ 雨丰设计，雒文静
编著. —— 南京 ：江苏凤凰科学技术出版社，2023.1（2025.1重印）
ISBN 978-7-5713-3262-4

Ⅰ．①全… Ⅱ．①雨… ②雒… Ⅲ．①住宅－室内装
饰设计 Ⅳ．①TU241

中国版本图书馆CIP数据核字(2022)第199885号

全屋定制效果图从入门到精通

编　　　　著	雨丰设计　雒文静	
项 目 策 划	凤凰空间/李文恒	
责 任 编 辑	赵　研　刘屹立	
特 约 编 辑	杨　畅	

出 版 发 行	江苏凤凰科学技术出版社
出版社地址	南京市湖南路1号A楼，邮编：210009
出版社网址	http://www.pspress.cn
总 经 销	天津凤凰空间文化传媒有限公司
总经销网址	http://www.ifengspace.cn
印　　　刷	北京博海升彩色印刷有限公司

开　　　本	787 mm×1 092 mm 1／16
印　　　张	13
字　　　数	104 000
版　　　次	2023年1月第1版
印　　　次	2025年1月第6次印刷

标 准 书 号	ISBN 978-7-5713-3262-4
定　　　价	88.00元

图书如有印装质量问题，可随时向销售部调换（电话：022-87893668）。

前言

　　为什么室内设计师和定制家具设计师要会做效果图？因为效果图是设计师向客户呈现自己设计方案的有效方式，业主好理解，沟通更高效。客户往往对项目有很多设想，而设计师的职责就是将这些设想合理化，并整合出满足客户想象的作品。在设计过程中，设计师会用到虚拟的图片来展现设计成果，让客户更直观地看到项目落成后的样子。

　　对于没有电脑操作基础的人来说，想要学习制作效果图，酷家乐软件就有很大的优势，它入门快，功能强大，能短时间内把想法呈现出来，使用门槛较低。其他效果图软件，零基础的人可能少则几个月多则几年才能掌握。说到底设计软件也好，效果图也好，只是呈现设计创意的工具和介质，不管是用酷家乐，还是用 3ds MAX、SketchUp，都能做出符合想法的效果图。对于设计师而言，核心竞争力是设计、创意能力。软件无法完全决定一个设计的好坏，但酷家乐软件照样可以做出好设计。这两年酷家乐软件更新迭代的速度很快，公司在研发领域投入了很大精力，以便跟上时代发展的步伐。走在时尚前沿的设计师，可以在酷家乐软件中看到最新的流行元素。

　　本书把酷家乐软件的操作划分为不同的模块，每一个知识点都做了详细分解，以便大家随时翻阅书籍找到相应的内容。对于零基础的人来说，这样就省去了记笔记的时间，方便快速掌握并应用。

　　酷家乐软件会不定期更新，与本书中所示可能有细微差异，大家灵活应用即可。

雒文静

目录

第 6 章　智能设计的应用

第 7 章　吊顶设计

第 8 章　成品家具

第 9 章　效果图渲染

第 10 章　定制橱柜设计

第 11 章　手动灯光的添加

第 12 章　洗衣机柜的设计布置

第 13 章　趟门衣柜的设计布置

第 14 章　掩门衣柜的设计布置

第 15 章　鞋柜的设计布置

第 16 章　榻榻米衣柜书桌组合

第 17 章　3D 全屋漫游

第 18 章　拓展知识

附录

第1章 酷家乐软件基础功能及下载登录

1. 酷家乐软件基础功能介绍

　　酷家乐是目前市场上一款主流的效果图软件，相比传统的 SketchUp 和 3ds MAX 软件更容易操作。酷家乐需要用户自己免费注册账号或者购买企业版的账号才能进行操作，软件中有海量的成品模型可以直接用，也可以上传模型以及贴图。对于需要分享设计创意的室内设计师、软装设计师、全屋定制家具设计师、全案设计师等而言，酷家乐都是一个非常不错的效果图软件：渲染速度快，灯光环境真实易操作，而且软件一直在更新（图 1-1、图 1-2 为酷家乐企业版网站页面）。

图 1-1

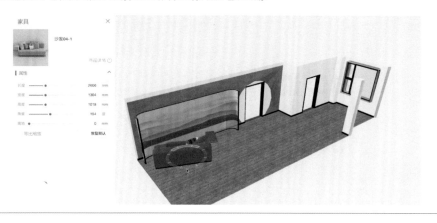

全球云设计软件创新者

独创ExaCloud技术，10秒极速渲染

酷家乐企业版率先将H5技术引入3D云设计工具，极大程度降低了对硬件性能的要求，同时运行速度是旧版的5倍！更高效支持大场景的快速设计。

独创ExaCloud云端渲染技术，渲染高清效果图不再耗费大量时间，真正让设计谈单、签单更容易！

图 1-2

2. 酷家乐官网

首先双击鼠标左键打开电脑桌面上的浏览器，下列浏览器都可以使用（图 1-3）。

图 1-3

打开浏览器，在图 1-4 中画红框的位置（地址栏）点击鼠标左键，输入"www.kujiale.com"，按回车键（Enter 键）进入官网。网址一定要输完整。

图 1-4

3. 酷家乐账号注册及登录

进入酷家乐官网后，点击图 1-5 中画红框的位置，登录或注册账号。

图 1-5

如果已经有酷家乐账号，用户就在图 1-6 中画红框的位置分别输入账号和密码，输入密码的时候可以点击图 1-6 中箭头所指的"小眼睛"，看自己输入的密码是否正确。

图 1-6

如果账号是用手机号注册的，那就点击"手机登录"（图 1-6），然后在图 1-7 中红框的位置点击鼠标左键输入自己的手机号码，再点击箭头所指的"获取验证码"，把手机收到的验证码输入到验证码所在的框中，点击"登录"按钮即可。

图 1-7

如果没有酷家乐账号，就需要免费注册酷家乐账号，点击图 1-8 中红框内的"免费注册"，就可以使用手机号或者微信注册酷家乐账号。

图 1-8

登录账号后，如图1-9所示，可以选择"个人用户"或"企业用户"。一般选择"个人用户"下的"我是设计师"后再选择相对应的身份即可。

图1-9

4. 酷家乐客户端下载及安装

在酷家乐官网上登录账号后，就看到如图1-10所示的界面。如果需要在电脑上下载客户端，那么就将鼠标移动到图1-10红框中的位置上。

图1-10

点击图 1-11 红框中的"客户端下载"，选择下拉菜单中的"APP 下载"。

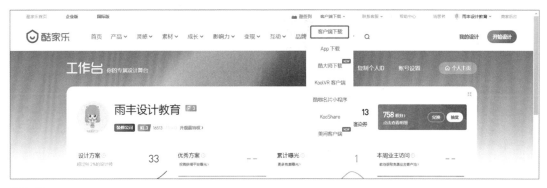

图 1-11

点击图 1-12 中红框内的"下载并打开"。

图 1-12

打开下载的文件，双击图 1-13 中红框内的文件，注意文件后缀为".exe"。

图 1-13

点击图 1-14 中红框内的"下一步"按钮，安装过程中千万不要点"取消"按钮（图 1-15）。

图 1-14

图 1-15

安装完成后点击图 1-16 红框中的"完成"，输入自己的账号、密码，勾选图 1-17 红框中的方框，点击"登录"按钮。

图 1-16

图 1-17

5. 酷家乐客户端界面介绍

在酷家乐客户端登录进入账号后，点击图 1-18 中箭头所指的方框，最大化窗口。

图 1-18

图 1-19 中红框的位置是菜单栏。1 号框的位置是常用的一些功能；2 号框的位置是新建方案，有些账号的版本不一样，注意灵活运用；3 号框的位置是"我的方案"，如果账号里没有任何的方案，那么这里就是空白的。

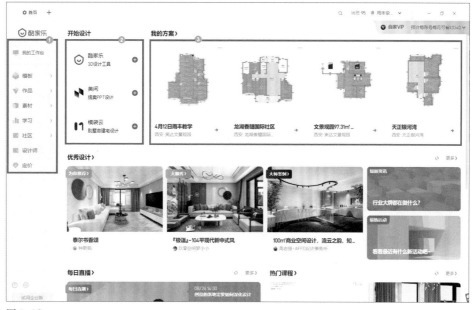

图 1-19

第2章　建立户型的方法

1. 搜索户型库

按照第 1 章介绍的步骤下载客户端并登录账号后，点击图 2-1 红框中的"云设计工具"，我们新建一个方案。

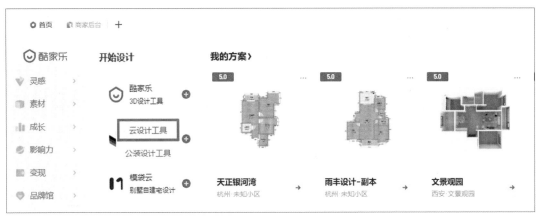

图 2-1

点击"云设计工具"之后，会看到图 2-2 中所显示的页面，红框所圈的就是画户型的 5 种方法。其中最方便快捷的是"搜索户型库"，如果户型库中没有自己想要的户型，就可以导入 CAD 图纸，前提是必须有 CAD 的平面户型图。如果没有 CAD 户型图，户型库中也没有自己想要的户型。就只能自由绘制户型或导入量房数据，但是需要绑定"知户型"（一款移动端家居装修设计软件）的账号。

接下来我们先点击图 2-2 红框中的"搜索户型库"来操作一下第一种建立户型的方法。

图 2-2

如图 2-3 所示，先选择省份，比如"陕西"，再点击市名，比如"西安"。

图 2-3

然后如图 2-4 所示，输入想要搜索的户型所在的小区名，再点击"搜索"按钮。

图 2-4

按照图 2-5 所示，左侧栏可以依据"面积"以及"房型"进行筛选，更精准地找到所需要的户型。找到合适的户型后点击户型图可以查看大图。

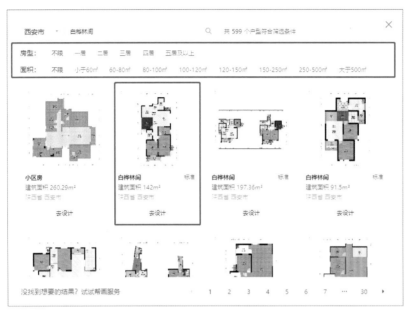

图 2-5

　　选好合适的户型就点击图 2-6 中的"去设计"；如果不符合预期，点击图中箭头所指的符号关闭页面，再寻找合适的户型即可。

图 2-6

点击"去设计"就会直接打开这个户型，如图 2-7 所示。有些户型打开后只有墙与门窗，有些户型打开后还有一些软装家具，这种情况下我们只需要细微修改墙体和添加家具就可以。但这一章我们只学习如何用搜索户型库的方法建立户型，后面会讲如何修改。

图 2-7

2. 导入 CAD 户型库

如图 2-8 所示，我们要导入 CAD 户型，就要先有一个 CAD 户型图。这个 CAD 户型图可以是自己画的，也可以是客户给的或者是装修公司的设计师提供的。我们用 CAD 软件先打开图纸，然后把户型图中除了墙体、窗户外的素材都删掉。

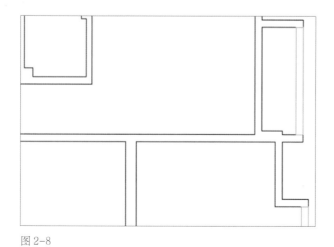

图 2-8

如图 2-9 所示，点击红框中的"导入图纸"，会弹出图 2-10 中所提示的内容，点击"确定"清空当前的设计方案。然后在图 2-11 中 1 号框内选择 CAD 户型图的保存路径，在 2 号框中选择要导入的 CAD 户型图文件，再点击 3 号框中的"打开"按钮。

图 2-9

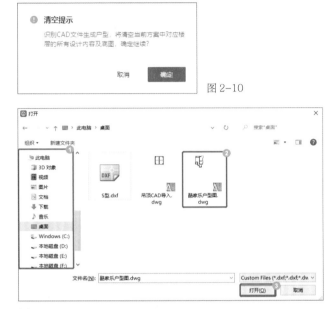

图 2-10

图 2-11

打开 CAD 文件后会出现如图 2-12 所示的弹出框，直接点击右下角的"自动识别"按钮。导入成功后会出现如图 2-13 所示的户型图。如果导入不成功，可多尝试几次。

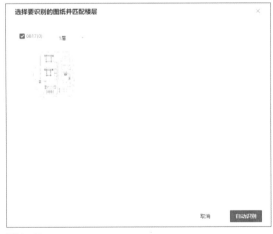

图 2-12

图 2-13

3. 自由绘制户型

如果在户型库中搜索不到想要的户型，客户也没有 CAD 户型图，设计师去客户家里测量了户型的整体尺寸，并手绘了测量单，在这种情况下就需要自己绘制户型。

首先找到图 2-14 红框中的"清空"，点击"全部"，把上一节中导入的 CAD 户型清空，我们来自己画户型。

图 2-14

如图 2-15 所示，点击"确定"按钮会清空当前的全部设计。以后如果想删除整个方案重新绘制，就可以用到"清空"的功能。

图 2-15

根据上一步操作点击"确定"后，之前导入的 CAD 户型图的轮廓还在，我们只需要点击如图 2-16 左下角红框中所示的小图标，再点击箭头所指的"删除"小图标，就可以把底图删掉了。

图 2-16

图 2-17

点击图 2-17 中红框内的"直墙（B）"，或者按键盘上的 B 键，鼠标光标就会变成黑色小十字的图标。

如图 2-18 所示，红框中就是画墙的区域。将鼠标光标放在红框区域内任何一点，点击鼠标左键。

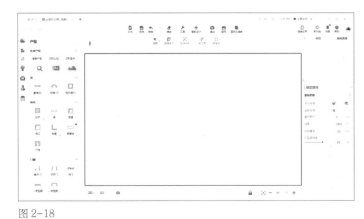

图 2-18

如图 2-19 所示，开始绘制之后，酷家乐界面右侧的面板会出现墙体的设置参数，可以设置为非承重墙，厚度为 240 mm，定位线为内部，勾选"正交"前的方框。

图 2-19

如图 2-20 所示，红框内就是鼠标左键点击的地方，松开鼠标左键后移动鼠标向右是绘制墙体的方向，输入墙体长度，比如 5 700 mm，然后按回车键。鼠标光标移动到图 2-21 红框下方，输入 6 780 mm 按回车键，再移动到 2-22 红框所示的位置上点击鼠标左键，再点击图 2-23 红框中的位置，点击鼠标右键结束当前的墙体绘制。

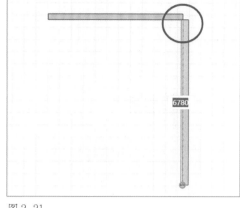

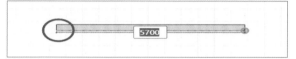

图 2-20

图 2-21

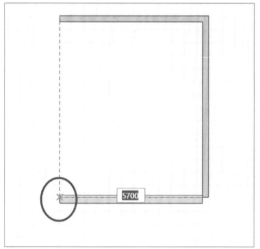

图 2-22

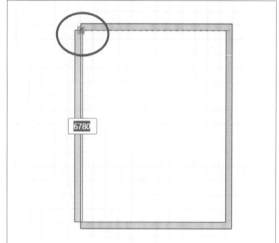

图 2-23

现在来讲画墙时的操作。左键点击"直墙（B）"，鼠标光标移动到绘图区域，左键点击确定墙体的第一点，移动鼠标确定墙体的方向，输入尺寸后按回车键。如果想结束当前画墙的操作就点击鼠标右键，再点击鼠标右键就退出了画墙模式。

作业

按照上面的具体步骤画一个尺寸为 3 600 mm×5 000 mm 的房间，墙厚为 120 mm。

墙体画好之后也可以修改尺寸，如图 2-24 所示，点击左侧墙体，在上边出现的白色底的数字框中输入要修改的尺寸。如图 2-25 所示，点击上边的墙可以修改与其相邻的墙的尺寸。

如果要修改墙体尺寸，一定要点击与这面墙相邻的墙体，只有点击带有白色底的数字框才可以修改尺寸。

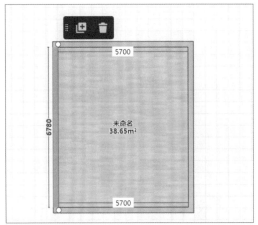

图 2-24

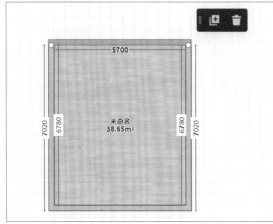

图 2-25

画好的墙体可以进行编辑，如图 2-26 所示，上方工具栏的"编辑"有"连接""拆分""对齐"的功能。

图 2-26

如图 2-27 所示，有两段在同一水平线上的墙体并且相邻，如果需要把这两段墙体合并为一段墙体，就可以点击"连接"或者按 Ctrl+J 键也可以。如图 2-28 所示，点击"连接"之后，先点击左边的墙体，然后再点击右边的墙体（图 2-29），最后点击右键结束操作，就完成了墙体的连接。

也可以用"拆分"的功能分割墙体，点击"拆分"之后，鼠标光标会变成一把小刀的样子，要在哪里分割墙体就点击哪里，也可以输入数字来确定分割的长度（图 2-30）。

图 2-27

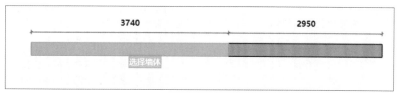

图 2-28

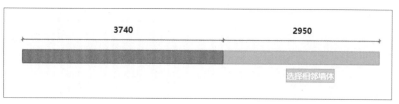

图 2-29

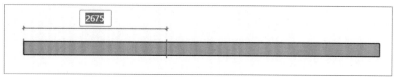

图 2-30

如图 2-31 所示，两段墙体不在同一个水平线上，可以使用"编辑"下的"对齐"功能实现对齐。首先点击"对齐"或者按快捷键 Ctrl+A，左键点击第一段墙，移动鼠标会出现墙体的墙外、墙中、墙内三种位置（图 2-32），左键点击自己需要的位置，再点击第二段墙，这样就可以把第二段墙移动到与第一段墙平行的位置。

"编辑"旁边有个"区域绘制"菜单，可以分割房间、地面以及顶面（图 2-33），在不同的情况下使用对应的功能。"分割房间"可以把一个空间分成多个空间并且可以命名，"分割地面"和"分割顶面"不会出现空间名称。

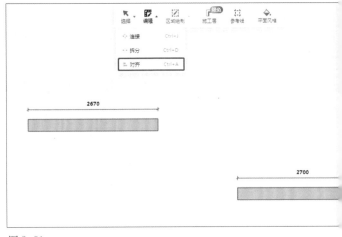

图 2-31

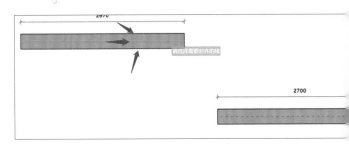

图 2-32

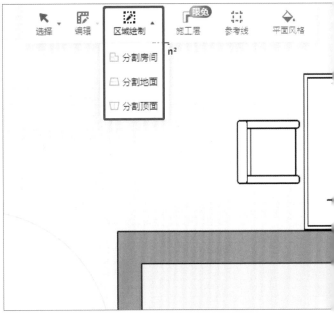

图 2-33

绘制图 2-34 所示的 2 个户型图。

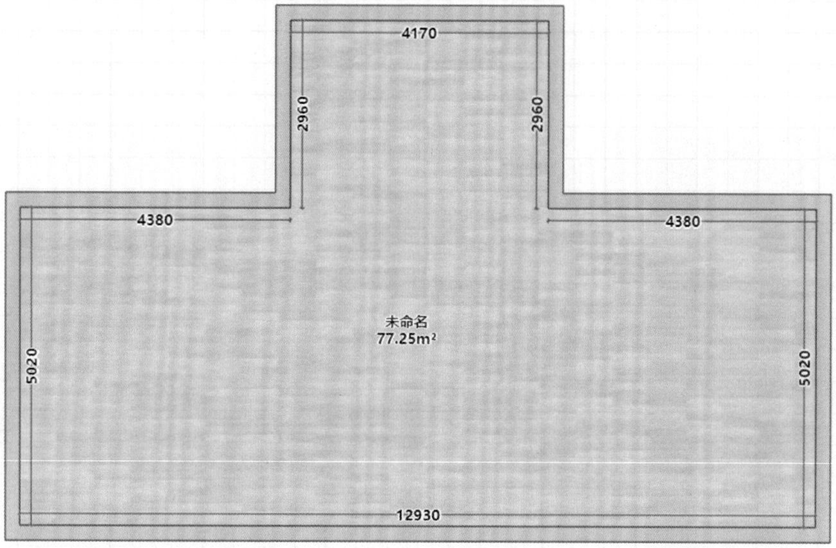

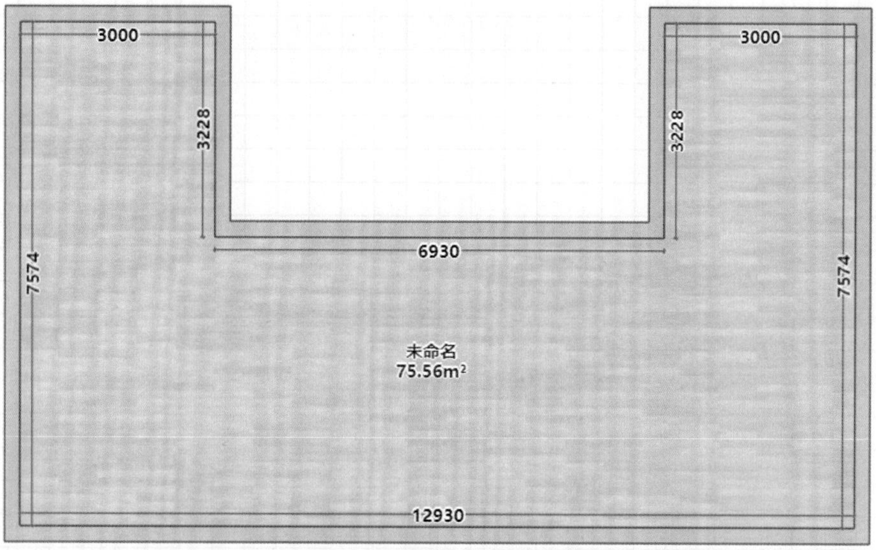

图 2-34

4. 导入图片画户型

我们先来说说为什么要导入图片画户型，而不是用前面讲过的三种方式建立户型。

首先，有时候客户还没有收房或者距离客户家太远没有办法过去量房，户型库中也没有与之匹配的户型，客户也没有 CAD 的户型图可以提供，那就需要用到导入图片画户型。

那么，导入什么样的图片才可以画户型呢？如图 2-35~图 2-37 所示的图片都可以。

图 2-35

图 2-36

图 2-37

图 2-38

图片中的户型图最少要有一面墙的尺寸，这是导入图片的前提。否则是不可以用导入图片画户型的。另外如果客户是拍照发来的图片，一定要保证图片角度端正，这样才能保证户型的尺寸达到标准。

导入图片画户型，画好之后无法确定与原图尺寸一致，后期需要逐一修改墙体尺寸。

首先点击图 2-38 中的"导入图纸"，这时会弹出图 2-39 中的对话框，点击"确定"按钮即可。

图 2-39

清空所有设计内容后，再点击"识别图片"就会弹出一个界面，如图2-40所示。从左侧选择图片的保存位置，然后选择"户型图"图片，点击"打开"即可。

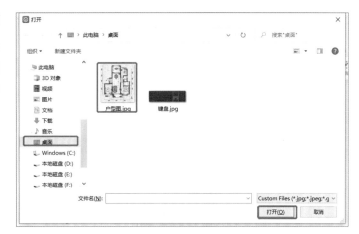

图2-40

如图2-41所示，点击蓝色的"设置比例尺"按钮，然后向上滑动鼠标滚轮放大图片，我们就能看到动画演示，如图2-42所示，还可以看到设置比例尺的说明，点击蓝色的"我知道了"按钮，然后点击"自动生成"就可以了。

图2-41

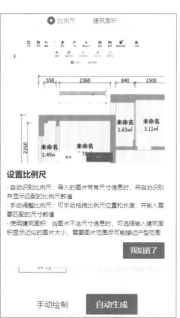

图2-42

比例尺一般以图中标注的尺寸为准，但是也可以自由调整。如图2-43所示，鼠标光标移动到小尺子的蓝色部分上，按住鼠标左键可以移动鼠标拖动尺子到尺寸线上。鼠标光标移动到图中红框的白色小圆圈的位置上，按住鼠标可以拖动尺子的长度以及方向。确保尺子的长度与图上尺寸线的位置重合，点击蓝色的"确认"即可。

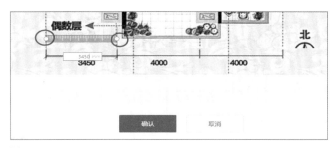

图 2-43

我们还可以按照户型的建筑面积来识别图片，如图 2-44 所示，我们点击"建筑面积"，在箭头所指的框中输入户型的面积之后按回车键，然后再点击"自动生成"就可以了。

我们也可以用"手动绘制"。点击"手动绘制"，用画墙的工具照着图片的墙体来画户型，需要注意的是画门窗是不用断开墙体的，要注意墙体之间的闭合问题。

图 2-44

点击"确认"后会出现图 2-45 所示的户型，如果有尺寸不合适的可以点击相邻的墙体修改尺寸。也可以将鼠标光标放到要移动的墙体上，通过拖动来移动墙体的位置。

如果导入图片后出现图 2-46 中墙体显示不全的情况，那就需要多试几次或者可以把缺少的墙体用绘制直墙来补上。

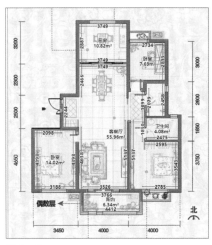

图 2-45　　　　　　　　　　　　　　　　图 2-46

作业

扫描右侧二维码下载户型图片，按照导入图片的方式建立户型图。这里需要调整户型的尺寸，尽量把误差控制在 100 mm 以内。

第 3 章 户型的基础设置

1. 空间名称的修改

这一节我们来学习如何修改房间的名称。图 3-1 中每个房间的名字都不一样，可以修改成自己想要的名字，那么如何操作呢？

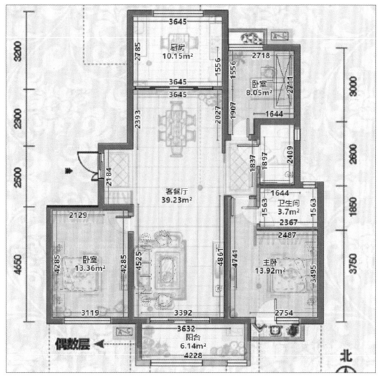

图 3-1

我们要修改哪一个房间的名称，鼠标左键就点击哪个房间的内部空间，如图 3-2 所示，点击红框内的空间，然后在右侧面板中左键点击图 3-3 红框中的小三角，在下拉菜单中点击自己想要的名字。如果想自己输入，就点击最后一个"自定义"，在图 3-4 所示的红框中输入自己想要的房间名字后按回车键即可。

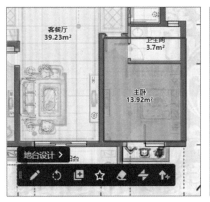

图 3-2

图 3-3

图 3-4

2. 平面布置的应用

如图 3-5 所示，图中的布局我们可以用"布置"来完成。首先点击左侧"布置"的图标（如图 3-6 中的红框所示），可以看到有许多分类。我们可以按照自己的设计需求来摆放不同的平面模型。

图 3-6

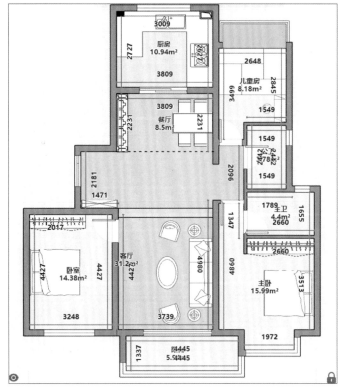

图 3-5

如图 3-7 所示，我们找到"家具"下的"沙发"，然后在"沙发"中找到一款适合的沙发组合后点击鼠标左键，移动鼠标光标到图中箭头所指区域并点击即可放置。如果放不到位置上，可以按住 Ctrl 键再移动鼠标到相应的位置上左键点击。

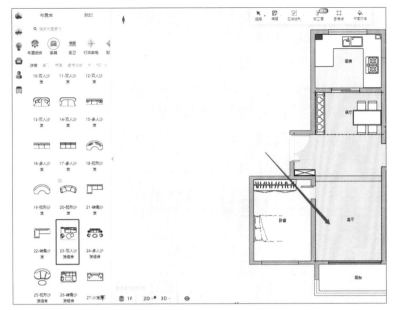

图 3-7

将鼠标光标放在图 3-8 红框中的箭头上，按住鼠标左键就会出现图 3-9 中的蓝色圆环，移动鼠标按照圆环的轨迹旋转就可以改变模型的方向。

如图 3-10 所示，平面模型放好之后就可以通过四周的数值来调整模型的位置。鼠标左键点击红框中的任何一个数字，再输入想要的数字按回车键即可移动位置。

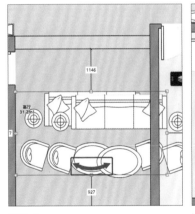

图 3-8

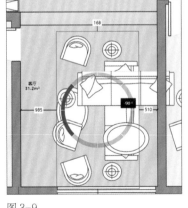

图 3-9

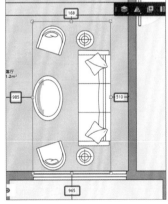

图 3-10

如图 3-11 所示，左键点击模型，将光标放在红框内小方块的位置上，光标会变成黑色双向箭头，按住鼠标左键移动鼠标可以等比例缩放模型的大小。

如图 3-12 所示，左键点击模型，将光标放在红框内小方块的位置上，光标会变成黑色双向箭头，按住鼠标左键移动鼠标可以改变模型的长度以及宽度。

除此之外，我们选中模型，在右侧的面板中可以修改模型的宽度与长度，如图 3-13 所示，点击图中红框内的小锁链，就可以单独修改长度或宽度。

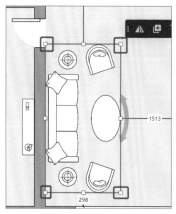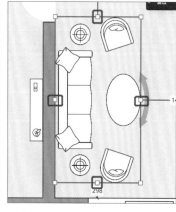

图 3-11　　　　　　　　　　图 3-12　　　　　　　　　　图 3-13

平面布置除了布置家具外还可以进行区域划分，如图 3-14 所示，图中的客餐厅区域如果想要划分出客厅与餐厅两个区域，那就点击红框内的"分割房间"，鼠标光标就会变成黑色十字，然后如图 3-15 所示，依次点击想要分割的区域的内部点，会出现蓝色虚线将其围合起来，待蓝色虚线闭合后，点击右键就完成了该部分的分割。

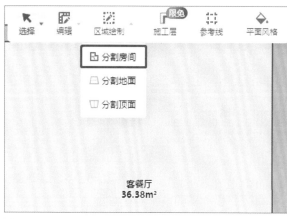

图 3-14　　　　　　　　　　　　　　　　图 3-15

分割完成后，如图3-16所示，将光标放到客厅区域内部，周边线条就会变成蓝色，然后左键点击，右侧会出现修改名称的面板，如图3-17所示。鼠标左键点击红框中的小箭头，会出现如图3-18红框中的空间名称，需要哪一个就点击哪一个。

如图3-19所示，这是划分出餐厅、走廊、玄关的区域，并且修改区域名称后的样子。

图 3-16

图 3-17

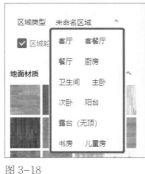

图 3-18

图 3-19

3. 户型层高与层数的修改

修改房间的层高，只需要点击户型背景的格子（除了房间的区域都可以点），如图3-20中红框所示，右侧会出现楼层属性的面板，可以修改房间的总面积、层高、地板厚度等。

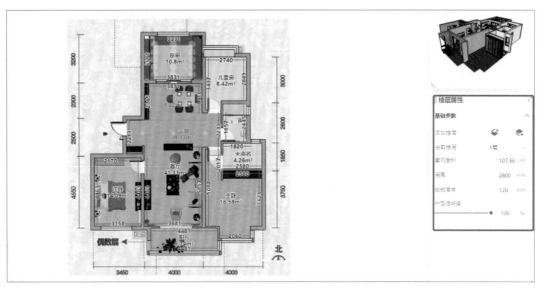

图 3-20

如果点击到户型内，如图 3-21 所示，那就在右侧面板中点击红框内的"楼层属性"，也可以修改。

如图 3-22 所示，点击红框内"添加楼层"旁边的图标，可以添加楼层以及地下室。点击图 3-23 中红框内的小三角，可以选择要显示的楼层。也可以点击小垃圾桶的删除按钮，删除掉不需要的楼层。

图 3-21

图 3-22

图 3-23

4. 文件的新建与保存

如图 3-24 所示，点击酷家乐软件工具栏第一个"文件"图标，选择"新建"就可以重新新建一个方案，点击"保存"按钮可以保存当前的方案。

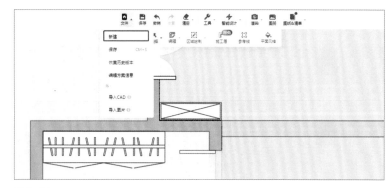

图 3-24

画好户型之后可以保存文件，除了上面所说的保存方法，也可以使用快捷键 Ctrl+S。

作业

（1）使用平面布置划分出客厅、餐厅、玄关、走廊区域。

（2）修改房间层高为 2 750 mm。

（3）使用快捷键 Ctrl+S 保存文件。

第4章 平面与立体模式

1. 平面与鸟瞰及漫游模式的切换

户型画好之后，就可以切换到 3D 模式下看看自己画的房子是什么样子。

点击酷家乐界面左下角的 2D 按钮，如图 4-1 中红框所示，会出现"平面""顶面""立面"的分类（"户型"与"布置"中没有"立面"的分类）。现在是在平面的模式下，快捷键是 1。如图 4-2 所示，键盘中红框内的"1""2""3""4"可用来切换平面、顶面、鸟瞰模式、漫游模式。

画户型时，放置门窗按 1，做吊顶时按 2，查看 3D 模式按 3，漫游模式按 4。也可以点击图 4-1 与图 4-3 中所示的按钮。下面我们就讲解一下 3D 模式以及漫游模式是用来做什么的。

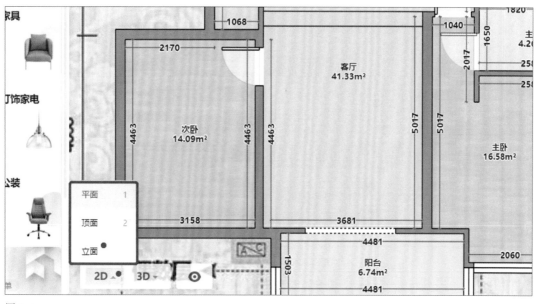

图 4-1

图 4-2

图 4-3

　　按数字键 3 或者点击"鸟瞰模式"，户型就会变成如图 4-4 中的样子，可以看到整个房间的情况。人的视角在整个房间的上方，这种模式下适合放置门窗、墙、地板等。

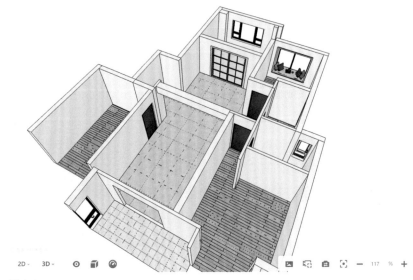

图 4-4

　　按数字键 4 或者点击"漫游模式"，户型就会变成如图 4-5 中的样子，直接进入某个房间内，这种模式下适合放置家具、装饰画等。

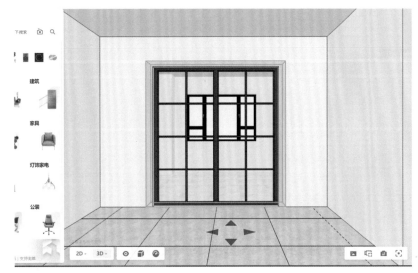

图 4-5

2. 鸟瞰模式中移动与旋转视角

在鸟瞰模式中如何去移动视角呢？

首先按数字键 3 进入鸟瞰模式，按住鼠标左键移动鼠标可旋转视角。这里需要注意的是，光标要放在墙体上旋转视角，不要点在门窗上。

按住鼠标右键移动鼠标是平移，向上滑动鼠标滚轮是拉近视角，向下滑动鼠标滚轮是拉远视角。

如图 4-6 所示，旋转视角的途中遮挡视线的墙会自动隐藏，如果想要回到最初始状态，点击图 4-7 中箭头所指的图标，或者按一下键盘上的空格键就可以回去了。

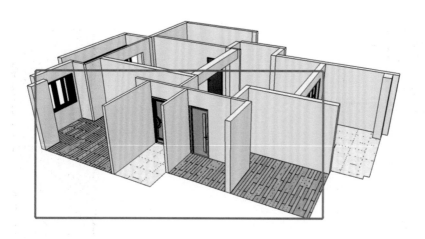

图 4-6

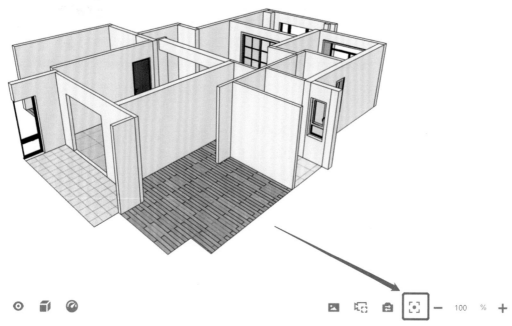

图 4-7

3. 漫游模式中移动与旋转视角

在漫游模式下变换视角，其操作与鸟瞰模式一样，不过在漫游模式中需要频繁地移动，就需要有新的办法。

首先按数字键 4 进入漫游模式，按住鼠标左键移动鼠标是旋转视角，同样需要将光标放在墙体上旋转视角，不要点在门窗上。

按住鼠标右键移动鼠标是平移，向上滑动鼠标滚轮是拉近视角，向下滑动鼠标滚轮是拉远视角。

但是在漫游模式下尽量不要使用鼠标滚轮，如图 4-8 中的红框所示，有前后左右的箭头，左键点击就可以移动。

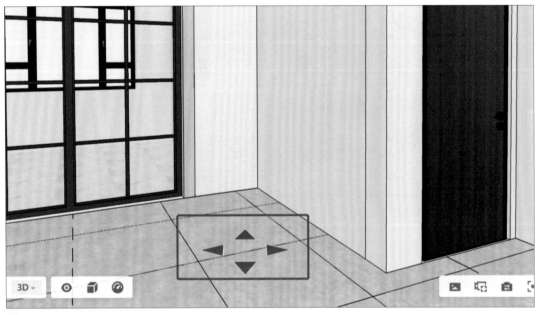

图 4-8

但是这样速度太慢，所以也有相对应的快捷键：

W 向前、S 向后、A 向左、D 向右、Q 向上、E 向下。

按住鼠标左键移动鼠标旋转视角，配合键盘上的快捷键，就可以到达任何一个想去的房间。

在漫游模式中移动的时候，可以在酷家乐界面的右上角看到当前所处的位置，如图 4-9 红框中所示，摄像头就是所处的位置，灰色扇形区域是当前视野范围。

图 4-9

如图 4-10 所示，鼠标左键按住摄像头标志移动，就可以改变摄像头所在的位置。如图 4-11 红框中所示，按住箭头移动鼠标，就可以旋转视角。

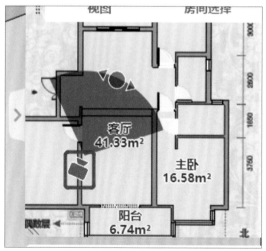

图 4-10

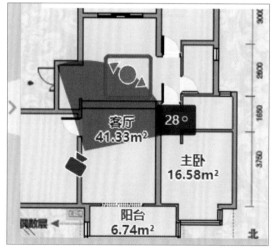

图 4-11

图 4-12

另外，在漫游模式下，如果想快速到达某一个房间，如图 4-12 所示，点击酷家乐界面右上角的"房间选择"即可。如图 4-13 所示，左键点击"厨房"的区域，就可以快速到达厨房。

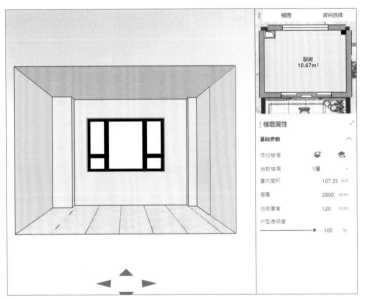

图 4-13

图 4-14

到达"厨房"这一空间后，如果需要显示别的空间，只需要点击酷家乐界面右上角的"房间选择"，如图 4-14 所示，点击"显示所有房间"就可以了。

第 5 章　柱梁及门窗的放置

1. 柱子的放置及尺寸修改

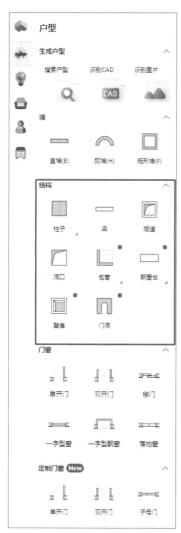

图 5-1

每一个户型中都会有柱子、梁、门洞这些构件，那么在酷家乐软件里要怎样放置呢？

如图 5-1 所示，在户型模块下找到"结构"这一分类，左键点击"柱子"，鼠标移动到要放置的房间内，比如厨房的空间，如图 5-2 所示，左键点击厨房内的中间区域，点击鼠标右键结束，柱子就放好了。

每个柱子默认尺寸都是 650 mm×600 mm，如果需要修改柱子的尺寸，左键点击放好的柱子，如图 5-3 所示，右边面板就会出现柱子长度以及宽度的参数，输入对应的数字后按回车键即可修改。

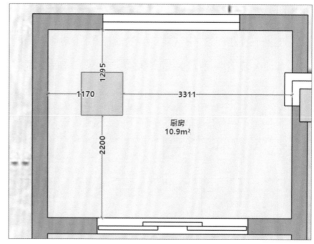

图 5-2

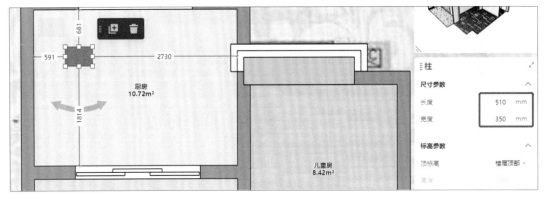

图 5-3

如图 5-4 所示，红框中的数字是柱子与墙之间的距离。如图 5-5 所示，鼠标左键点击红框处，输入"0"按回车键，就可以让柱子靠墙。这种方法是最不容易出错的。

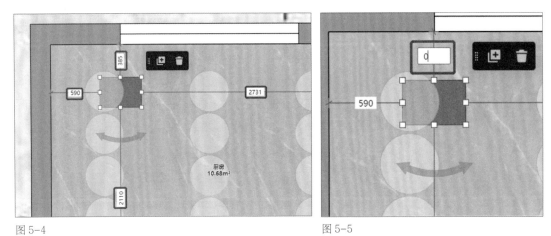

图 5-4   图 5-5

如图 5-6 所示，鼠标光标放在红框中所示的旋转箭头上，按下鼠标左键，就会出现如图 5-7 所示的圆环，按住鼠标左键绕着圆环的轨迹移动鼠标，就可以旋转柱子的方向，松开鼠标左键就结束了旋转。

如图 5-8 所示，户型结构中的烟道是厨房中特有的结构，在渲染出来的效果图中，烟道与柱子并没有什么区别，只是在平面图中两者的图标不同，柱子的图标是黑色矩形。

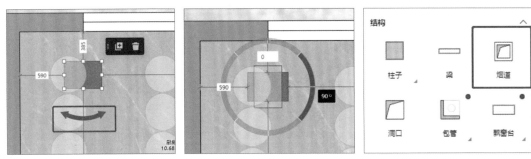

图 5-6   图 5-7   图 5-8

在厨房空间中按
照图 5-9 中的尺寸放
置柱子和烟道。

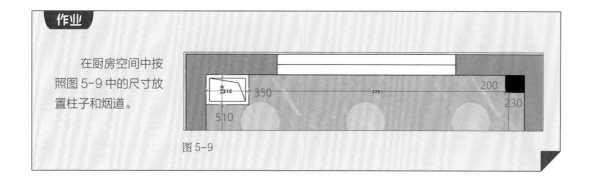

图 5-9

2. 梁的绘制及尺寸修改

如图 5-10 所示，鼠标左键点击户型结构中的"梁"，页面右侧会出现如图 5-11 所示的工具栏，可以修改梁的宽度、高度，还可以打开"正交"（按 Shift 键）。我们这里修改梁的宽度为 350 mm，高度为 450 mm。

如图 5-12 所示，在户型中找到需要放梁的地方，左键依次点击梁的两端，然后双击右键退出绘制。

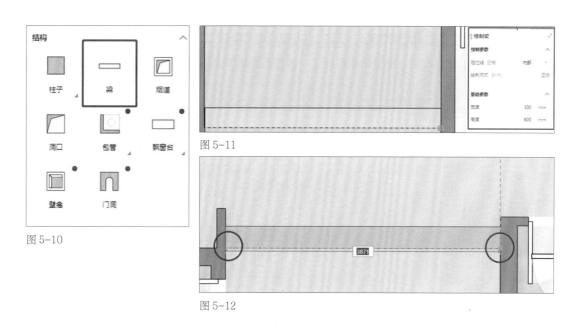

图 5-10

图 5-11

图 5-12

如图 5-13 所示，左键点击绘制好的梁，右侧面板中会出现梁的宽度以及高度参数，也可以通过这里的数字来修改梁的尺寸。点击户型结构的梁后，可以先修改尺寸，也可以画完梁后再修改尺寸。

鼠标左键点击选中梁后，拖动鼠标可以拖动梁的位置。

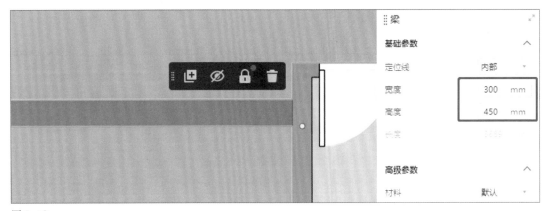

图 5-13

作业

按照图 5-13 中的尺寸在客厅区域绘制梁。

3. 普通门窗的放置以及尺寸、样式、材质修改

如图 5-14 所示，找到户型中的"门窗"，左键点击"单开门"，将光标移动到如图 5-15 所示次卧空间的墙上，单击左键，单开门就放好了。点击别的墙可以再放一扇门，如果不想放门了，就点击鼠标右键。

门与窗一定要放在墙体上，如果放不上去，那可能是没有墙或者墙体绘制不规范，重新绘制一下要放门窗的这面墙即可。

图 5-14

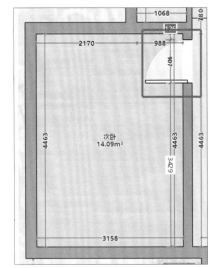

图 5-15

如图 5-16 所示，左键点击放好的门，会出现 5 个小图标，第一个图标是"翻转"，点击这个小图标或者按 G 键就可以翻转门的方向。如图 5-17 所示，门的开门方向就翻转过来了。

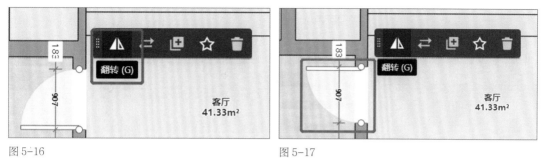

图 5-16   图 5-17

如图 5-18 所示，点击放好的门出现的第二个小图标是"替换"，点击小图标，左侧会出现商品替换的产品列表，滑动鼠标滚轮挑选符合装修风格的门，然后点击左键即可。

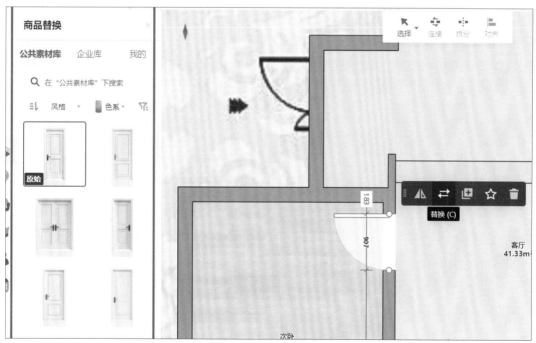

图 5-18

如图 5-19 所示，点击红框中的"风格"，可以筛选想要的室内门风格。

如图 5-20 所示，点击红框中的"色系"，可以筛选想要的室内门颜色。

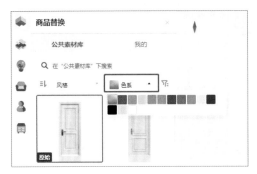

图 5-19   图 5-20

如图 5-21 红框中所示，主卧、次卧、儿童房的单开门都是图中红色箭头所指的样式，在这种情况下，想修改门的样式就只需要替换一个门的样式即可。

比如左键点击次卧的门，点击替换按钮或者按 C 键，滑动鼠标滚轮，左键点击一个合适的门型，点击图中左下角蓝色的"应用到相同模型"，这样主卧以及儿童房的门样式也就相应替换了。

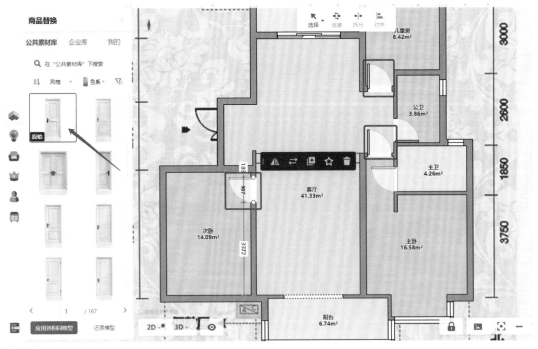

图 5-21

如果次卧的门替换为一款黑色的模型，点击"应用到相同模型"后，主卧以及儿童房的门型也就变成一样的了，如图 5-22 所示。

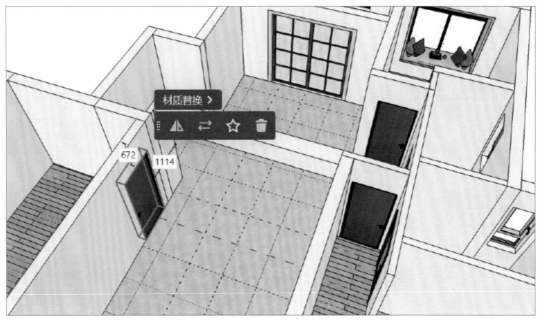

图 5-22

如图 5-23 所示，选中放好的门后出现的第四个图标是"收藏"，收藏后，下次再需要这一款门型时就非常好找了。

左键点击星星图标，如图 5-24 所示，点击红框中的"选择文件夹"，在图 5-25 红框所示的地方输入收藏的分类，也可以直接点击"未分类"或者别的分类，再点击蓝色的对号按钮即可完成门的收藏。

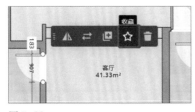

图 5-23

图 5-24

图 5-25

图 5-26   图 5-27

这个收藏的方法可应用于门、窗户、家具模型等，现在我们来看看收藏过的模型在哪里呢。

如图 5-26 所示，点击酷家乐界面左侧栏"小人"的图标，就会出现我们收藏过的东西。

我们之前在收藏门的时候，建立了一个室内门的分类，在这里就有相应的文件夹。如图 5-26 红框中所示，点击室内门的分类，就会出现我们收藏过的门型。如图 5-27 所示，点击门的模型，放到户型中的墙体上即可使用。

到现在我们学习了如何放门、替换门的样式、收藏门型，接下来我们学习如何修改门的尺寸。

如图 5-28 所示，点击放好的门，右侧会出现修改尺寸的面板，可以修改门的宽度、高度以及深度和离地高度。修改后点击下面的"应用到相同模型"就可以把相同样式的门的尺寸一并更改了。

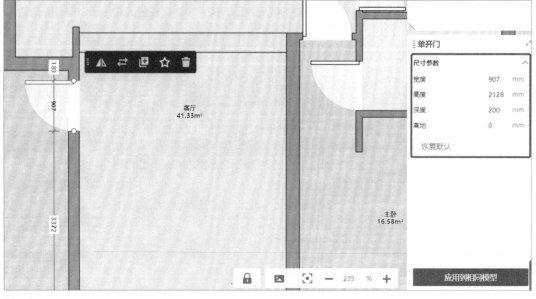

图 5-28

如图 5-29 所示，点击放好的门，出现的第三个图标是"复制"，快捷键是 Ctrl+C。在替换门的样式后就可以用复制的功能去给别的房间放置了，复制过去的门大小以及样式都是一样的。

如图 5-30 所示，点击放好的门，图中红框处的图标是删除，快捷键是 Delete。如果门放错了，就可以使用这个小图标来进行删除。

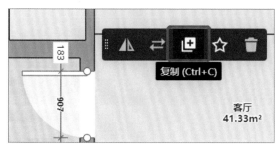

图 5-29

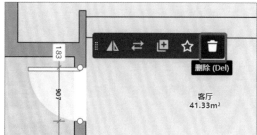

图 5-30

前面讲到替换门的样式，下面我们讲如何替换门的材质，也就是给门换颜色。

首先需要按数字键 3 进入鸟瞰模式，旋转自己的视角，点击门，会出现如图 5-31 所示的工具栏，在鸟瞰模式下也可以对门进行翻转、替换、收藏、删除，还能进行材质替换。这里一定要注意，换门的颜色一定要到鸟瞰模式或者漫游模式下，点击门才能出现"材质替换"的功能。

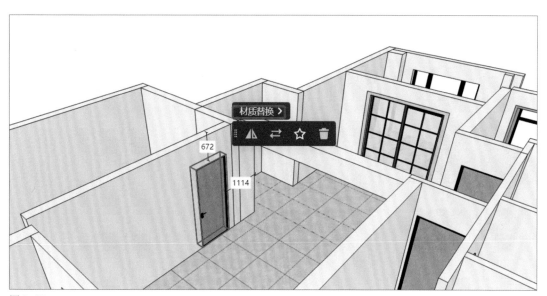

图 5-31

左键点击图 5-31 中红框所示的"材质替换",进入图 5-32 所示的页面。如图中蓝框所示门一共有 3 个部分的材质可以修改,先点击要修改材质的部位,再在左侧面板中左键点击想要的颜色即可。

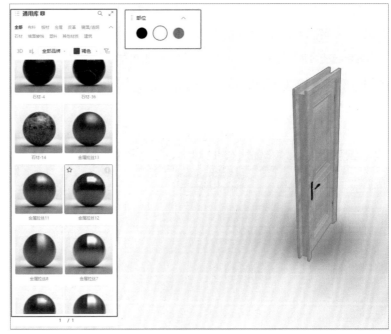

图 5-32

如图 5-33 所示,我们可以点击图中箭头所指的地方,再点击左侧面板的材质,就可以换材质了。换完材质后点击蓝色的"完成"按钮即可。

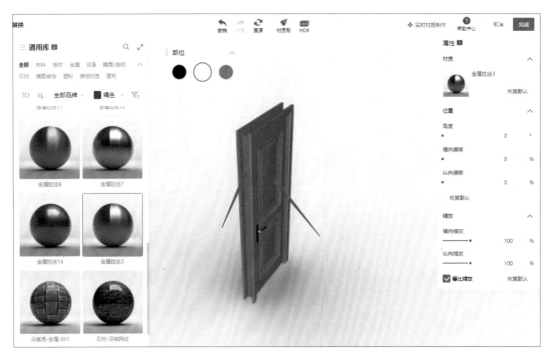

图 5-33

点击"完成"按钮后会出现如图 5-34 所示的
弹出框，这里如果点击"确定"，就意味着相同样式
的门板材质一并更改；如果点击"取消"，那就只改
变当前门板的颜色。

图 5-34

图 5-35

如图 5-35 所示，双开门、移门、一字形窗以及一字形飘
窗的放置方法都与平开门一样，我们在放置门窗的时候要注意
门窗与定制门窗的区别，如果不小心点到了定制门窗里的模型，
那修改材质以及样式的方法就不一样了。下一节我们就来讲定
制门窗。

4. 定制门窗的放置以及尺寸、样式、材质修改

图 5-36

我们这一节讲定制门窗，首先如图 5-36 所示，"定
制门窗"下有"单开门""双开门""子母门"等模型。
我们有时候会用到"定制门窗"中的模型，其与普通门窗
的放置方法是一样的，如图 5-37 所示，拖动"双开门"
的模型放到图中箭头所指的墙上即可，不需要按右键结束。

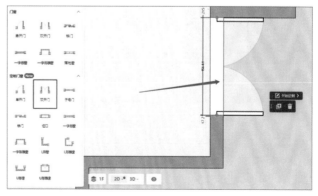

图 5-37

左键点击放好的定制门窗，点击"开始定制"再点击门就会出现如普通门窗一样的工具栏，其中第二个图标用来旋转开门方向此处操作只能左键点击图标，快捷键是没有用的（图 5-38）。

按数字键 3 进入鸟瞰模式，调整视角到可以看见定制门窗的区域。点击门的模型，如图 5-39 所示，点击右侧面板中的"风格替换"，再点击图中箭头所指的材质图片，就可以选择自己想要的颜色。

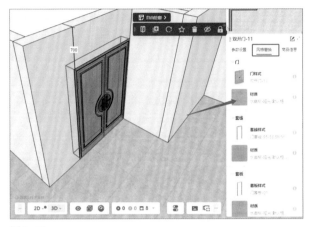

图 5-38

图 5-39

如图 5-40 所示，我们可以筛选"颜色""材质类型"等来寻找自己想要的材质。如图 5-41 所示，点击材质类型中的"横木纹"，就会出现相对应的材质。如图 5-42 所示，找到"黑胡桃木 AG"左键点击即可。

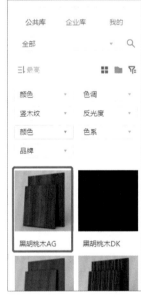

图 5-40

图 5-41

图 5-42

不论是普通门窗还是定制门窗，换样式以及材质都尽量在鸟瞰模式下操作，这样可以直观地看到我们所换的样式与材质是什么样子。

作业

（1）熟练操作普通门窗的放置、尺寸修改、样式材质替换。

（2）熟练操作定制门窗的放置、尺寸修改、样式材质替换。

第6章 智能设计的应用

1. 智能设计全屋硬装与软装

这一节我们讲如何运用"智能设计"来快速设计整个户型。智能设计可以自动设计硬装以及软装，也可以单空间设计，比如客户需求是美式风格，如图6-1所示，鼠标光标移动到酷家乐界面上方工具栏的"AI"，就可以看到有五个分类，分别是"AI灵感绘图""布局＆风格""布局助手""风格助手""吊顶助手"，可根据需求选择，这里

图6-1

我们选择"布局＆风格"。点击"布局＆风格"后就来到了新的界面，如图6-2所示，我们可以筛选空间、面积、风格等来快速找到自己需要的样板。这里我们点击"风格"，选择"美式"即可，如图6-3所示。

图6-2

图6-3

如图 6-4 所示，我们选择了美式风格后，出现的列表就都是美式风格的样板间。选好风格后，在左侧列表选择符合客户要求的样板间左键点击就可以查看大图了，如果不合适就重新再选择，风格也可以重新筛选。

图 6-4

确定好要选择的样板间后，点击下方的"直接应用"即可。

如图 6-5 所示，鼠标光标放到"直接应用"的右侧图标上，会出现"应用硬装""应用软装"的选项，这里的硬装指的是墙、顶、地，软装就是家具装饰，根据需求选择即可。

图 6-5

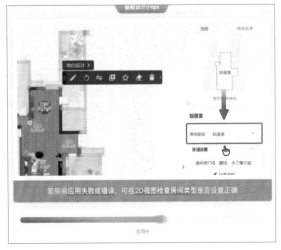

图 6-6

点击"直接应用"会出现如图 6-6 所示的进度条，等进度条走完就可以看到智能设计的效果。

如图 6-7 与图 6-8 所示，我们可以按数字键 3 或数字键 4 进入鸟瞰模式或漫游模式来查看智能设计的效果，如果觉得不合适，再重复智能设计的操作就可以了。

至于如何去调整家具模型的位置以及颜色样式，我们下一章会讲到。

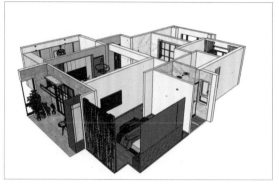
图 6-7

图 6-8

2. 智能设计单空间的硬装与软装

有的时候我们只需要智能设计一个空间，其他房间想自己设计，这种情况下应该如何操作呢？

在平面模式下，点击想要智能设计的房间，左键点击如图 6-9 红框中的图标，再选择空间为卫生间（图 6-10），在左侧列表找到合适的风格，点击"直接应用"右侧的图标可选择"应用软装"或"应用硬装"。如果想全部应用，点击"直接应用"即可（图 6-11）。

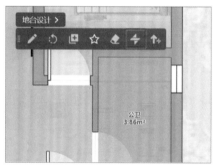
图 6-9

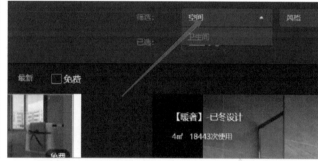
图 6-10

图 6-11

第7章　吊顶设计

1. 成品普通吊顶的放置及修改

这一节我们来讲如何设计吊顶，一共有"吊顶""参数化吊顶""吊顶设计"三种方法。我们先来学习"吊顶"的设计方法。

首先按数字键2进入顶面模式，如图7-1所示，点击"沙发"图标，点击"硬装"，点击"吊顶"（图7-2），找到一款合适的吊顶。点击如图7-3红框中所示的图标查看此款吊顶的大图。也可以使用风格筛选来找合适的吊顶。

吊顶的分类有很多，如回字形吊顶、格栅吊顶、集成吊顶，根据不同的区域来选择对应的吊顶。

下面我们以客厅区域为例来设计吊顶。

首先选择一款吊顶，鼠标光标移动到客厅区域内单击左键（图7-4）。

如果鼠标光标无法移动到客厅区域内，那就按住 Ctrl 键，这样就可以自由移动了。

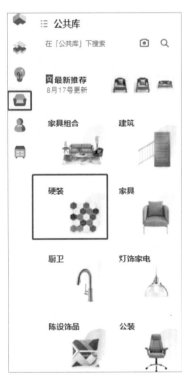

图 7-1

图 7-2

图 7-3

放好之后就如图 7-5 所示，吊顶会铺满整个客、餐厅区域。左键点击图 7-5 红框中的方框，按住左键移动鼠标拖动到客厅区域（图 7-6）。

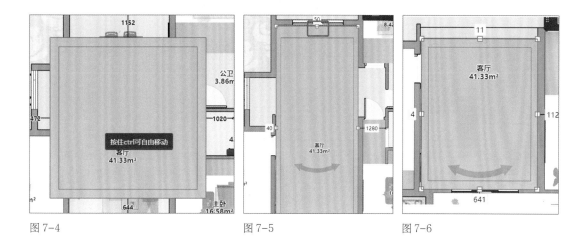

图 7-4　　　　　　　　　　　图 7-5　　　　　　　　　　　图 7-6

放置好客厅的吊顶后，接下来放置过道与门口玄关的吊顶。首先在左侧列表选择一款过道顶（图 7-7），如果想要平顶就搜索"平顶"（图 7-8），左键点击合适的一款，移动到过道区域点击左键放置。如图 7-9 所示，过道的吊顶还是会铺满整个客、餐厅，这时候用移动是不行的，只能通过拖动如图 7-9 红框中的小方框来调整位置。

如图 7-10 ～ 图 7-13 所示，按照顺序调整过道吊顶到合适位置。玄关处的吊顶也用同样的方法，找到一款平顶放到客厅区域，再使用小方框拖动到合适位置即可。

图 7-7

图 7-8

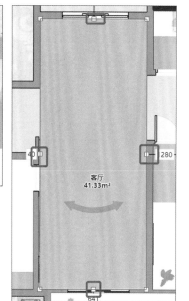

图 7-9

图 7-10

图 7-11   图 7-12   图 7-13

在顶面模式下放置好吊顶后，按数字键 4 进入漫游模式，调整好视角使自己能看见吊顶（图
7-14）。如果需要吊顶都在一个层面上，那就左键点击吊顶，在右侧面板里把离地高度都改成同样
的参数（图 7-15）。

比如这里有 4 块吊顶，其中客厅与餐厅吊顶的离地高度都是 2 500 mm，过道的吊顶离地高
度是 2 550 mm，玄关处的吊顶离地高度是 2 545 mm，那就取其中离地高度的最小值，都改为
2 500 mm 即可。

如果吊顶之间有缝隙，那就按数字键 2 进入顶面模式，调整一下吊顶的大小。吊顶之间可以有
细微重合，但是不能有缝隙。

图 7-14

图 7-15

2. 参数化吊顶的放置及修改

这一节我们来讲参数化吊顶的放置。首先大家要明白普通的成品吊顶与参数化吊顶有什么区别，普通的成品吊顶不会自适应尺寸，但是参数化吊顶就可以，参数化吊顶的筒灯也可以修改，这一点是普通的成品吊顶做不到的。

首先依次选择"公共库""硬装""参数化吊顶"（图 7-16），选择合适的一款吊顶左键点击（图 7-17），鼠标光标移动到要放置的户型空间内再次点击左键即可。修改大小的方法与成品吊顶是一样的。

图 7-16

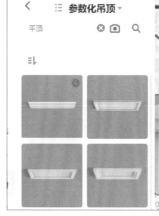

图 7-17

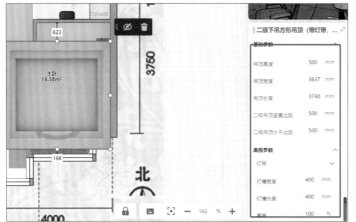

参数化吊顶可以修改一些特殊尺寸，如图7-18所示，左键点击选中放好的参数化吊顶，右侧面板会显示可以修改的尺寸。修改的时候可以进入漫游模式，这样就能直观地看到修改后的吊顶是什么样子的。

图7-18

3. 进入吊顶设计的方法

前面我们讲了成品吊顶及参数化吊顶，但是由于模型有限，还是有一些效果是成品吊顶及参数化吊顶实现不了的。所以我们需要学习如何自己设计吊顶，这一节我们就来学习如何进入"吊顶设计"。

按数字键2进入顶面，点击需要吊顶的区域，点击"吊顶设计"（图7-19）。操作这一步的时候一定要把顶面上原有的吊顶删掉，如果点击吊顶区域出现的是如图7-20中所示的图标，那就表示这个空间区域已有成品或者参数化吊顶，点击删除即可。

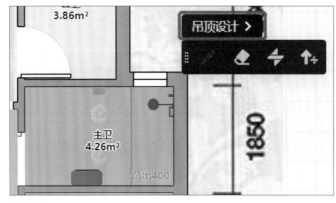

图7-19

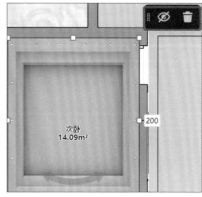

图7-20

按数字键 3 进入鸟瞰模式，或者按数字键 4 进入漫游模式，调整视角到能看到顶面，点击顶面，选择"吊顶设计"（图 7-21），也可以进入吊顶设计的界面。

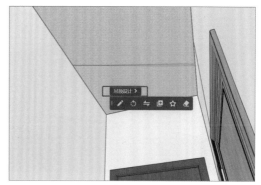

图 7-21

进入吊顶设计的界面后就如图 7-22 所示的一样，按住鼠标左键移动鼠标可以拖动背景，滑动鼠标滚轮可以实现视图的放大缩小。

下一节我们来讲如何在这个界面设计简单的回字形吊顶。

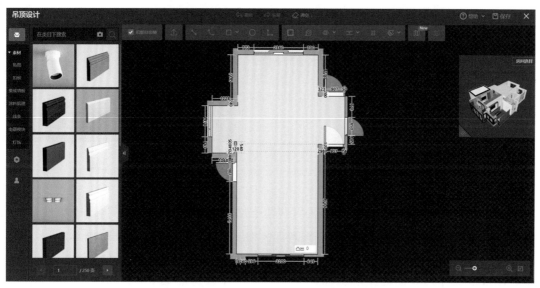

图 7-22

4. 吊顶设计之回字形吊顶的制作

上一节讲了如何进入"吊顶设计"，这一节我们来学习制作如图 7-23 所示的简单的回字形吊顶。

我们先来分析一下图中的吊顶，这个客厅的吊顶有灯带，有黑色线条以及筒灯。

下面来做吊顶，我们设定楼层高度为 2 800 mm，由于吊顶是不会改变房屋原始结构的，所以加了吊顶之后的层高就会发生一定的变化，比如客厅区域做完吊顶之后层高就变成了 2 500 mm，这之间的高度差就是我们做吊顶的可操作空间。但这些在软件里怎么表示呢？这就要用到本节的知识。

我们进入"吊顶设计"后先修改"凸出"为 300 mm（图 7-24），这里的 300 mm 就是制作回字形吊顶的可操作空间，吊顶的各种造型都在这 300 mm 内制作。

图 7-23

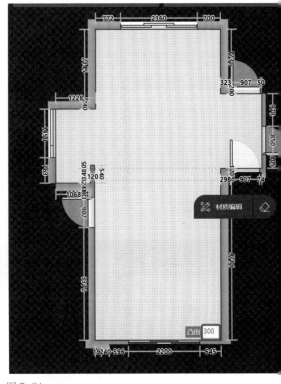

图 7-24

  接下来我们用矩形工具把客、餐厅的吊顶区域划分出来。点击"矩形"（图 7-25）或者按 R 键。
在图 7-26 中的红框处依次点击左键，划分出客厅区域的吊顶，点击鼠标右键结束绘制。

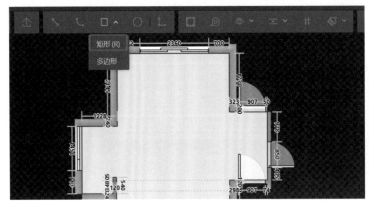

图 7-25

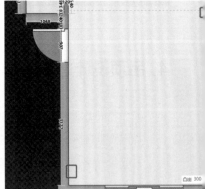

图 7-26

这里需要把窗帘盒的位置留出来,如图 7-27 所示,鼠标光标移动到边线上时,会变成一个黑色的上下箭头,这时点击鼠标左键,左边红框中的数字就会变成有白色底框的数字(图 7-28),左键点击数字,输入 200 mm 按回车键即可(图 7-29)。

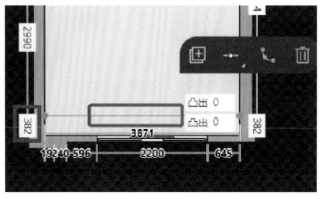

图 7-27

图 7-28

图 7-29

左键点击划分为客厅的区域,把"凸出"修改为 300 mm(图 7-30)。如果想要看看窗帘盒的效果,可以点击右上角的关闭图标(图 7-31),退出吊顶设计到漫游模式下去检查吊顶。

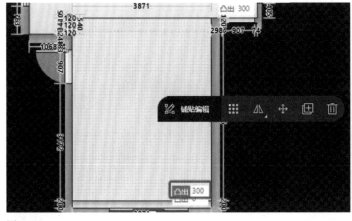 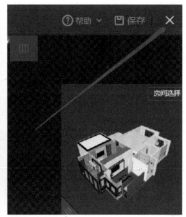

图 7-30

图 7-31

但是这种方法非常麻烦，我们来学习另外一种比较方便又快捷的方法。如图 7-32 所示，在界面右上角，选中图中红框内所示的三条斜杠，移动鼠标，可以调整这个窗口的大小（图 7-33）。

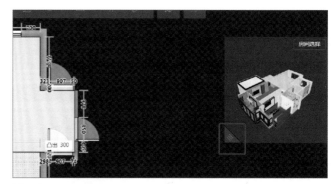

图 7-32

在这个小小的窗口下，我们可以用鼠标左键旋转、右键平移，也可以用键盘中的 W 键向前、A 键向左、S 键向后、D 键向右、Q 键向上、E 键向下这些功能来调整视角，让自己看到吊顶的样子。

图 7-33

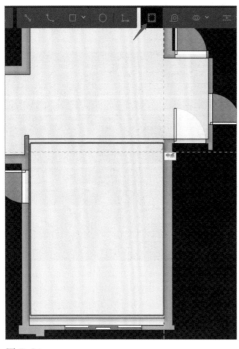

图 7-34

接下来我们要制作吊顶的第二层，点击如图 7-34 箭头所指的"偏移"图标，然后点击红框区域内的任何一点，输入 500 mm 按回车键（图 7-35），点击鼠标右键结束即可。

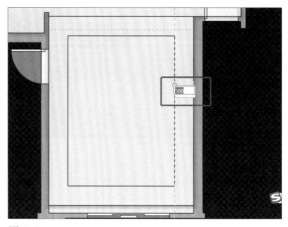

图 7-35

这里需要注意的是，偏移的时候可以向内也可以向外，鼠标左键点击要偏移的区域后，移动鼠标就可以确定偏移方向，如图 7-36 所示，鼠标光标移动到区域外就是向外的偏移方向，再输入数字就可以完成向外偏移。

偏移完成后就可以在图 7-37 右上角的图中看到效果了，箭头所指的位置凸出为 300 mm，原始顶凸出为 0 mm，这样就形成了错层。

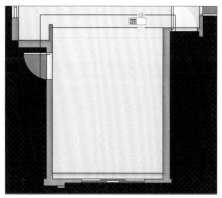

图 7-36

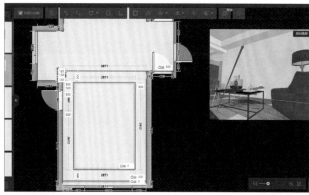

图 7-37

5. 吊顶设计之灯带及线条的添加

上节内容讲了如何利用"凸出"来做吊顶的高低错层，只要凸出数值不一样，就可以做出各种错层的吊顶，可以画矩形，也可以用偏移工具。本节我们来讲如何给吊顶添加灯带。

首先我们要知道在哪里加灯带。如图 7-38 所示，要在箭头所指的位置加灯带，那就在吊顶设计的界面里就点击相应的吊顶线条（图 7-39），在酷家乐界面的左侧会出现如图 7-40 红框中所示的灯带界面，可以选择"内缩灯带"或者"外扩灯带"，还可以修改灯带的颜色以及亮度。

我们这里把亮度值修改为 50%，颜色修改为微黄（图 7-41）。

图 7-38

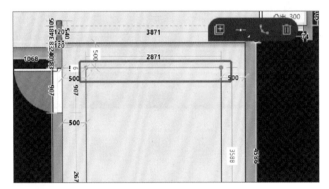

图 7-39

图 7-40

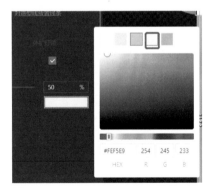

图 7-41

然后左键点击添加好灯带的边线，再点击如图 7-42 红框中的"复制"图标，然后依次点击其他边线就可以把制作好的灯带复制过去了。如果发现一条边线被分成了好几段，只需要选中其中一段边线，左键双击图 7-43 中箭头所指的小圆点，就可以合为一条边线。

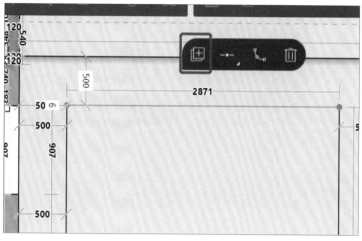

图 7-42

图 7-43

添加好灯带之后，边线就会变为黄色（图 7-44），而且灯带的亮度以及颜色都是一致的。

如果想给其他边线加灯带，可以使用"复制"的功能，也可以左键点击边线，在界面左侧勾选灯带即可。

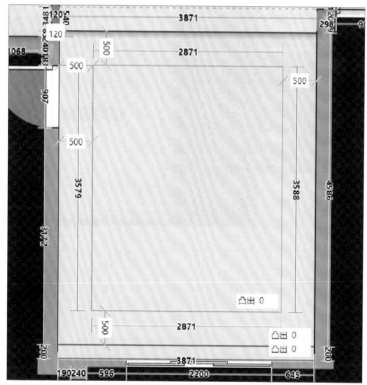

图 7-44

下面来给吊顶加线条，如图7-45中红框圈出的线条，我们该如何添加呢？

首先点击要添加线条的边线，如图7-46中箭头所指的位置，在左侧面板点击"剖面编辑"，然后继续在左侧面板找到合适的一款装饰线（图7-47），左键点击此款装饰线，移动鼠标到剖面编辑的弹出框内（图7-48），点击左键放到绿色区域的位置上。

然后再找到一款装饰线，如图7-49中红框所示，左键点击此线条，移动鼠标到紫色区域位置点击左键。

图7-45

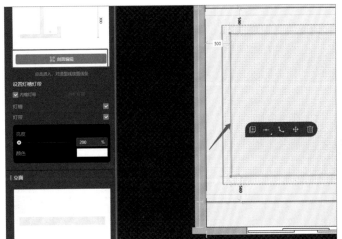

图7-46

图7-47

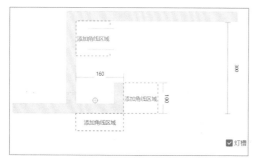

图 7-48

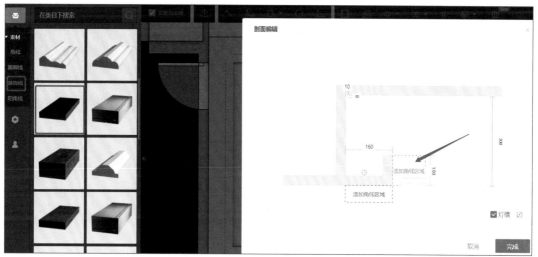

图 7-49

如图 7-50 所示，线条的数值改为图中红框内的数值后，点击"完成"按钮即可（图7-51）。

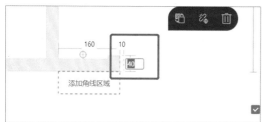

图 7-50

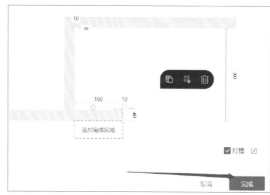

图 7-51

现在我们已经给一条边线加上了黑色线条，点击已经加好线条的这条边线（图 7-52），点击复制图标，再依次点击其余的三条边，就可以在视图里看到添加好黑色线条的效果了（图 7-53）。

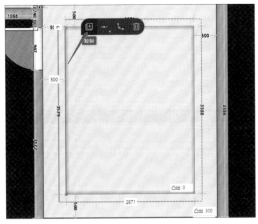

图 7-52

图 7-53

如图 7-54 中的箭头所指，这样的线条应该怎么制作呢？已知如果要放线条，必须要有边线，所以要先偏移出来一个矩形，然后再给这个矩形的边线加线条。

图 7-54

如图 7-55 所示，点击"偏移"，左键点击要偏移的区域，如箭头所指，输入 150 mm 按回车键。现在我们已经把需要加线条的区域偏移好了，把偏移出来的区域"凸出"修改为 300 mm，与原始吊顶保持一致的高度（图 7-56），这样线条才能在一个平面上。

然后在左侧面板找到黑色线条（图 7-57），左键点击移动到偏移好的矩形区域内，再次点击左键。

这里要注意，左键点击线条放在偏移好的矩形区域内，四个边线就会都加上线条。

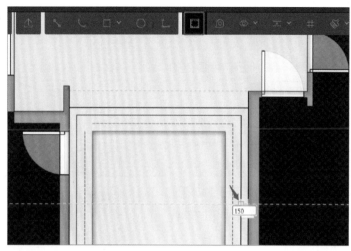

图 7-55

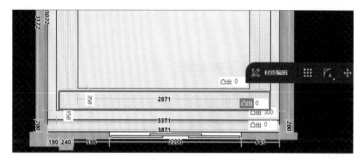

图 7-56

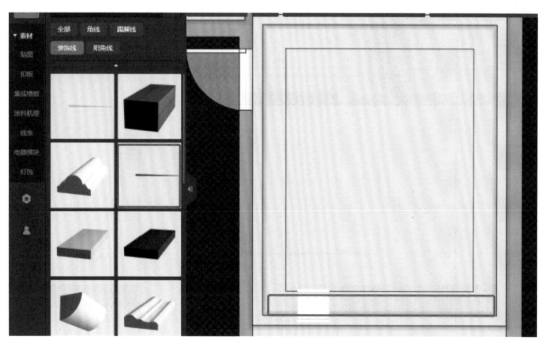

图 7-57

6. 吊顶设计之筒灯布置

如图 7-58 所示，吊顶上的
筒灯应如何添加呢？

首先我们在"吊顶设计"的
模块里找到"灯饰"，然后在"灯
饰"里挑一款筒灯（图 7-59），
左键点击合适的款式，移动鼠标
放置到合适的位置上再点击左键，
如图 7-59 箭头所指的位置。这
样第一个筒灯就放好了。

图 7-58

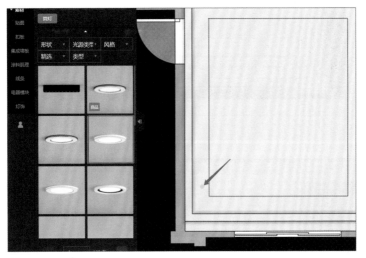

放好的筒灯我们需要
调整一下位置，左键点击
放好的筒灯，把距离边线的
数字修改为 100 mm（图
7-60），距离下面的数字
改为 500 mm（图 7-61）。

图 7-59

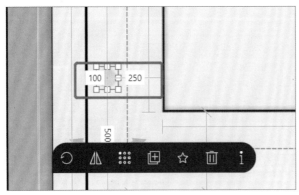

图 7-60

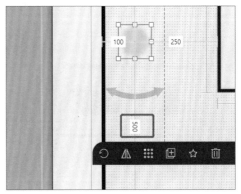

图 7-61

为了确保我们再放的筒灯与第一个
筒灯中心线的距离也是 500 mm，就需
要用到"参考线"。点击上面工具栏的
小图标（图 7-62），点击"添加参考线"
或者直接按快捷键 T，鼠标左键点击边
线（图 7-63），移动鼠标向下输入数
字 500 mm（图 7-64），按回车键完
成输入，右键结束操作。

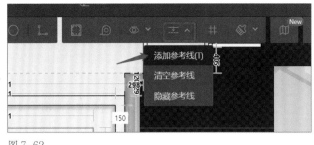

图 7-62

放好参考线后，我们点击放好的筒灯，点击"阵列"的小图标（图 7-65），然后在界面最下面
左键点击"数量"（图 7-66），把"X 轴数量"改为"1""Y 轴数量"改为"4"，按 Tab 键可
以从"X 轴数量"的输入框切换到"Y 轴数量"的输入框，然后移动鼠标光标到图 7-66 中红色圆圈
的位置上，使筒灯的边缘与参考线重合，点击鼠标左键即可。

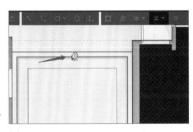

图 7-63

图 7-64

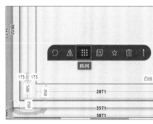

图 7-65

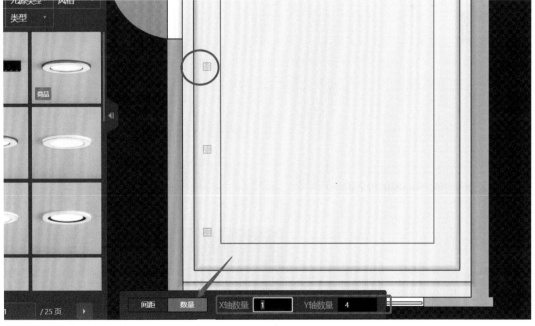

图 7-66

右侧的筒灯我们也通过"阵列"来放置。首先使用参考线把筒灯左右的位置确定好，如图7-67所示，按快捷键T，点击边线向左方向输入100 mm按回车键，单击右键退出"参考线"。然后按住Shift键依次点击左侧的四个筒灯，或者同时按住Shift键和鼠标左键，移动鼠标可以框选四个筒灯。选中后点击"阵列"的图标，点击"数量"，输入"X轴数量"为"2"，"Y轴数量"为"1"（图7-68），移动鼠标到参考线的位置上左键点击即可（图7-69）。

筒灯放好之后可以在视图中查看效果（图7-70），其余地方需要放置筒灯也是一样的方法，要熟练运用"阵列"的命令，"阵列"可以设置X、Y的数量，也可以设置X、Y的间距。X代表的是横向，Y代表的是竖向。

如图7-71所示，吊顶设计完成后，点击右上角箭头所指的图标退出吊顶设计，就可以在漫游模式中查看做好的吊顶是什么效果。

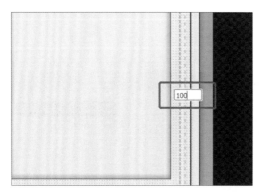

图 7-67

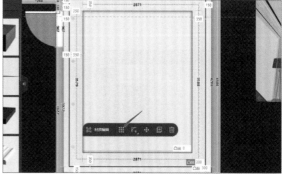

图 7-68

图 7-69

图 7-70

图 7-71

第 8 章　成品家具

1. 成品家具的替换

前面我们使用智能设计简单布置了户型里的家具，下面就来学习如何替换智能设计的家具。首先拿沙发举例，如果智能设计的沙发不是我们想要的，我们需要先按数字键 4 进入漫游模式，按住左键旋转视角到有沙发的那面墙。左键点击沙发，如图 8-1 所示，如果选中沙发的时候也选中了别的家具，这是因为沙发与别的家具组合了，只需点击如图 8-1 中箭头所指的"解组"图标（快捷键是 Ctrl+Shift+G，按住 Ctrl 键与 Shift 键不松，按一下 G 键即可），沙发就与别的家具分开了。

图 8-1

"解组"后需要再进行组合，按住 Shift 键不松，左键依次点击沙发、椅子、地毯等家具，或者按住 Shift 键不松，按住鼠标左键移动鼠标可以框选多个家具模型，点击如图 8-2 中箭头所指的"组合"图标，或者按住 Ctrl 不松再按一下 G 键即可。

图 8-2

　　确定我们的沙发不是组合状态之后，左键点击沙发，点击"替换"的图标或者按快捷键 C（图 8-3），左侧会出现替换商品，直接找到一款合适的沙发左键点击即可（图 8-4）。沙发的替换跟前面讲过的门窗的替换是一样的操作，成品模型都可以通过这种方式来替换。

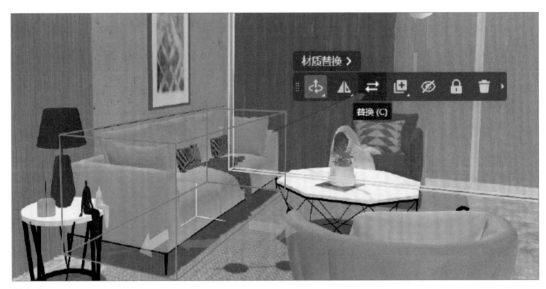

图 8-3

图 8-4

2. 成品家具的放置

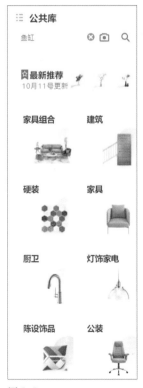

图 8-5

这节我们来讲如何放置家具模型，首先在左侧"公共库"列表里找到想放的家具，如图 8-5 所示，每种家具都有自己的分类。"家具组合"里面都是组合搭配好的，如果放置家具单品，那就点击"家具"，再选择具体的分类。

如果找不到理想的素材，可以在搜索框输入自己想要的模型名称（图 8-6），按回车键就可以了（图 8-7）。

图 8-6

图 8-7

3. 成品家具的尺寸、材质修改

本节我们来讲如何修改成品家具的尺寸以及材质，首先左键点击选中放好的鱼缸，在右侧面板中可以看到有长度、宽度、高度、离地高度的尺寸都可以修改，如图 8-8 所示，图中箭头所指的位置是"等比缩放"，打上对钩后，如果修改长度，别的尺寸都会跟着变。如果我们只想增加鱼缸长度，不想改变高度以及厚度，那就把等比缩放关掉，把长度改为 1 700 mm 即可。每一次输入数字后都一定要按回车键，这一点不要忘了。

图 8-8

下面我们来讲如何替换家具的颜色，与前面讲过的门窗替换颜色的方法是一样的。

选中要替换颜色的模型，点击"材质替换"图标（图8-9），在左侧出现的材质栏里找到一款合适的材质点击左键选中，然后点击蓝色的"完成"按钮就可以了（图8-10）。

门窗、沙发、成品柜架、餐桌、饰品等模型，替换模型与替换颜色的方法都是一样的。

图8-9

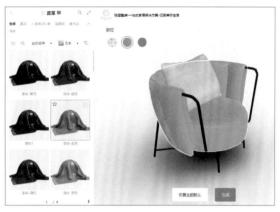
图8-10

4. 移动模式、三维旋转模式、缩放模式的应用

将模型放好后，左键点击选中模型是"移动模式"（图8-11），按一下快捷键R可以切换到"三维旋转模式"（图8-12），再按一下快捷键R可以切换到"缩放模式"（图8-13）。

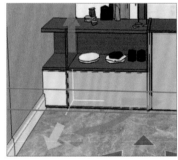
图8-11

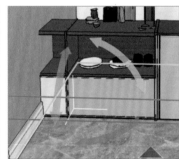
图8-12

图8-13

我们先来讲讲"移动模式"。图8-11中绿色的箭头可以前后移动、黄色的箭头可以左右移动、蓝色向上的箭头作用是上下移动。如图8-14红框中所示的蓝色箭头用于旋转。这些箭头都需要将鼠标光标放到箭头上，按住左键移动鼠标就可以实现移动或旋转的功能。

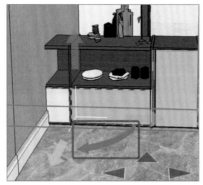

图 8-14

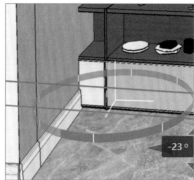

图 8-15

将光标放在旋转的箭头上，拖动鼠标围绕如图8-15中的蓝色圆环移动，就可以实现平面旋转，转到合适的位置松手即可。

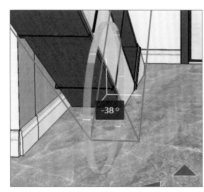

图 8-16

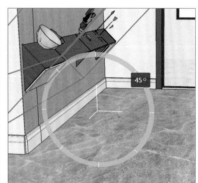

图 8-17

现在我们来讲"三维旋转模式"。选中模型默认是"移动模式"，按一下快捷键 R 可切换到"三维旋转模式"，旋转方法与"移动模式"中的平面旋转是一样的，在图 8-12 中，将光标放在黄色的箭头上，拖动鼠标就会出现如图 8-16 所示的黄色圆环，操作鼠标绕着圆环移动，确定好位置后松开左键。

绿色的旋转箭头也是一样的操作，如图 8-17 所示，注意在旋转的时候，要操作鼠标绕着圆环转才能实现旋转的功能。

下面我们来讲"缩放模式"。模型的尺寸除了可以在右侧的尺寸面板里面修改，还可以使用缩放模式来改变模型的尺寸。

如图 8-18 所示，在"三维旋转模式"下按一下快捷键 R 可以切换到"缩放模式"，按快捷键 R 就是在三个模式之间来回切换。图中黄色的箭头是改变长度、蓝色的是改变高度、绿色的是改变宽度，光标放在相应的箭头上拖动鼠标可以实现相应的放大或缩小的功能（图 8-19）。

图 8-18

在按照箭头方向移动鼠标的时候，如果模型高度、宽度以及深度都跟着变化的话，那就在右侧面板中把"等比缩放"关掉，如图 8-19 中红色箭头所指，取消"等比缩放"后，再按住蓝色箭头移动鼠标就可以实现只改变高度的效果了。

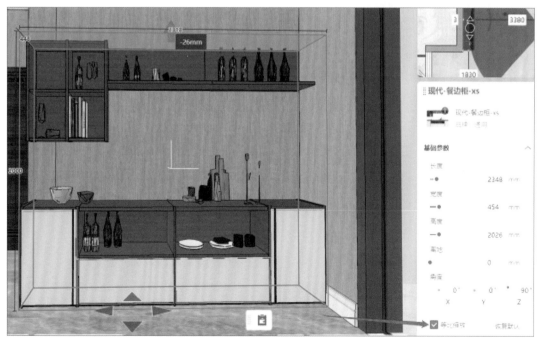

图 8-19

综上所述，想移动模型的位置，直接左键点击选中模型就是"移动模式"，想往哪边移动就按住哪边的箭头移动鼠标就可以了。如果想要旋转，在移动模式下可以实现平面旋转，如果想要不同方向的旋转效果，需要选中模型按一下快捷键 R 切换到"三维旋转模式"。如果要改变模型尺寸，左键点击选中模型，在"移动模式"下按两下快捷键 R 就可以切换到"缩放模式"了。在画效果图的过程中，快捷键 R 是需要频繁使用的，大家一定要牢记。

5. 模型的隐藏与显示

本节我们来讲模型的隐藏与显示。如果在作图过程中发现有些模型碍事，想暂时隐藏，只需要左键点击选中模型，点击红框中"隐藏"的小图标（图 8-20）或者按 Ctrl+H 键就可以隐藏模型了。那么，隐藏之后的模型又该如何显示呢？

在页面左下方找到"小眼睛"的图标，左键点击图标，选择"显示已隐藏模型"（图 8-21），左键点击就可以把隐藏的模型都显示出来了。

如果明明放好的模型转眼间就不见了，就可以左键点击"显示已隐藏模型"，看看是不是隐藏了。

除了选中模型隐藏，也可以针对性地隐藏一类模型，如图 8-22 所示，硬装吊顶、软装家具、全屋家具，以及厨卫都可以按类别隐藏与显示。

图 8-20

图 8-21

图 8-22

第 9 章　效果图渲染

1. 渲染界面的进入方式

本节我们来讲如何渲染效果图，现在做好的图是没有灯光的，材质也是不真实的，需要进行渲染才可以达到真实的质感。

如图 9-1 所示，左键点击上方工具栏中的"渲染"图标，就可以进入"渲染"的界面（图 9-2）。

图 9-1

图 9-2

如图 9-2 红框中所示，可以渲染普通图片（图 9-3），也可以渲染如图 9-4
中二维码中的全景图，还可以渲染俯视图，也就是鸟瞰图（图 9-5），要渲染
哪一种左键点击哪一种即可。

图 9-4

图 9-3

图 9-5

2. 渲染参数的调整

渲染界面左侧面板中有一些参数需要修改，如图9-6所示，我们先来了解下这些参数都有什么功能。

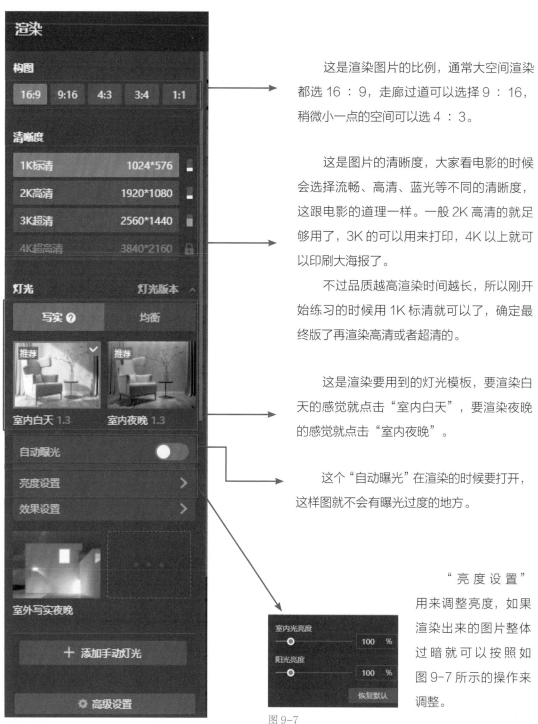

这是渲染图片的比例，通常大空间渲染都选16：9，走廊过道可以选择9：16，稍微小一点的空间可以选4：3。

这是图片的清晰度，大家看电影的时候会选择流畅、高清、蓝光等不同的清晰度，这跟电影的道理一样。一般2K高清的就足够用了，3K的可以用来打印，4K以上就可以印刷大海报了。

不过品质越高渲染时间越长，所以刚开始练习的时候用1K标清就可以了，确定最终版了再渲染高清或者超清的。

这是渲染要用到的灯光模板，要渲染白天的感觉就点击"室内白天"，要渲染夜晚的感觉就点击"室内夜晚"。

这个"自动曝光"在渲染的时候要打开，这样图就不会有曝光过度的地方。

"亮度设置"用来调整亮度，如果渲染出来的图片整体过暗就可以按照如图9-7所示的操作来调整。

图9-6

图9-7

在图9-6的下方还有一些其他功能（图9-8）。

图 9-8

图 9-9

"效果设置"的选项都不用开，点击图9-9中，"降噪"与"炫光"后面的问号可以查看对应的功能。

如果渲染出来的灯光没有达到满意的效果，那就需要自己"添加手动灯光"，后面会讲"添加手动灯光"的具体内容，这里我们不用添加。

这里是渲染时窗外的外景，如果渲染的灯光模板选的是"室内白天"，那外景显示的就是白天，如果灯光模板选的是"室内夜晚"，这里显示的就是夜晚的外景。选的是什么景色，渲染出来窗户外面的景色就是什么样的。

图 9-10

如图9-10所示是"高级设置"的一些参数，对于新手来说，这里的参数不用去调整，保持默认即可。

如图 9-11 所示，在渲染界面右侧有参数设置，我们来看看这些参数都有什么作用。

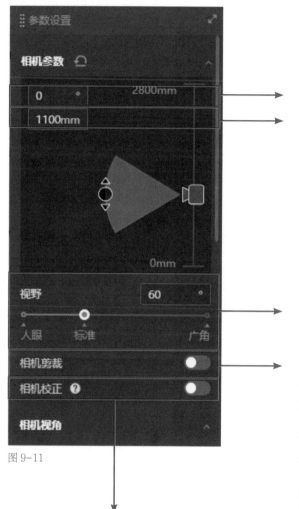

图 9-11

这里是渲染的角度，每次渲染一定要确保这个数值为 0。

这里是渲染的高度，常规情况下在 1 100~1 300 mm 之间即可。

这里的视野调整为"标准"就可以。

如果空间过小，在渲染的时候离得太远就会到墙外去，这时候就要打开"相机裁剪"。如图 9-12 所示，可以调整红框内的数值来达到自己想要的效果，通常在厨房、卫生间用得较多。

图 9-12

点击"相机校正"后的问号可以查看具体的功能。

3. 保存相机视角

我们到渲染界面后再调整自己想要渲染的角度，如图 9-13，要渲染客厅的照片，就使用左键旋转视角配合移动的快捷键移动视角到合适位置。记得修改角度为0°，离地在 1 100~1 300 mm 之间，调整好后，在右侧面板中向下滑动鼠标滚轮就可以找到"保存相机视角"（图 9-14）。

图 9-14

图 9-13

"保存相机视角"可以直接点击左键，也可以按 Ctrl+D 键。这样我们下一次再渲染这个角度的时候，直接点击保存好的视角即可（图 9-15）。

如图 9-14 所示，酷家乐软件自带了每个空间的视角，我们也可以左键点击这些视角来完成渲染。

调整好视角就可以点击"立即渲染"了（图 9-16）。在渲染之前可以点击"批量预览"来看一下效果图，不过预览的图与渲染出来的图还是有差别的，建议大家直接点击"立即渲染"即可。

图 9-15

图 9-16

4. 效果图的查看、下载与分享

图 9-17

上一节最后一步我们点了"立即渲染",那渲染好的图在哪里找呢?

如图 9-17 所示,渲染的图片在界面右上角的"图册"里。移动鼠标光标到界面右上角的"图册"上,可以看到有一个图片状态是"排队中",那就是还没有渲染好的图片,别的图片都是可以直接点击打开看大图的(图 9-18)。

图 9-18

图片渲染好之后,点开图册中的图片,如图 9-19 所示,左键点击左下角的"下载原图",就会弹出如图 9-20 的界面。左键点击箭头所指的图标可以查看下载的图在什么位置。红框所示的位置可以修改效果图下载的路径,想要效果图被快速找到,就点击"更改"把路径改为桌面。

下载好的图片可以直接发送给客户。

图 9-19   图 9-20

　　渲染好的效果图除了可以下载外，还可以直接分享给客户。如图 9-21 红框所示，左键点击图标，会出现如图 9-22 所示的二维码，拿起手机打开微信扫一扫这个二维码，就可以看到渲染好的图片了。如图 9-23 红框所示，点击手机界面右上角的三个小点，就可以选择"发送给朋友"了（图 9-24）。

图 9-21   图 9-22

图 9-23   图 9-24

5. 效果图的美化与裁剪

　　渲染好的效果图如果觉得不满意，除了添加手动灯光，还可以给渲染好的效果图进行美化。如图 9-25 所示，打开效果图后，界面下方有"编辑"的图标，选择"美化"，左侧就会出现新的面板（图 9-26）。

图 9-25

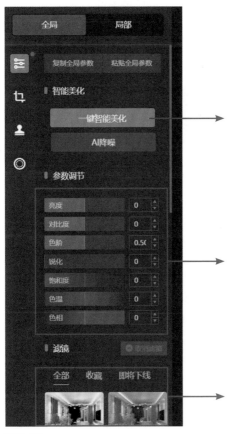

图 9-26

　　"一键智能美化"会与原图形成细微的差别，如果点击"一键智能美化"后还是觉得亮度色彩效果不行，那就自己手动调整。

　　这里的参数都可以修改，如图片的亮度、饱和度等，可以把每一项都试着调一下，看看效果是什么样子。

　　这里的滤镜类似于美颜相机，通常都不选择，如果不小心选了哪一款滤镜，点击"取消滤镜"即可。

渲染好的效果图也可以进行裁剪。如图 9-27 所示，图中红框位置是不想要的，我们只需要在美化的界面下点击如图 9-28 红框中的小图标，就会出现如图 9-29 所示的界面。

图 9-27

图 9-28

图 9-29

我们这里需要选择"自由"（图 9-30），在右侧的图上按住鼠标左键拖动，范围如图 9-31 中红框圈出来的位置，就是裁剪的边缘线，也是图片最终的样子。

图 9-30

如图 9-31 所示，鼠标移动到右侧中间红框内的图标上，按住鼠标左键向左移动，然后在左侧面板中点击"裁剪"（图9-32），这样我们就把右侧门的位置裁剪掉了，再点击右上角的"完成"即可（图9-33），在弹出框里点击"保存"（图9-34）。

图 9-31

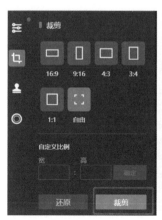

图 9-32

图 9-33

图 9-34

6. 全景图的渲染与分享

这节我们学习如何渲染与分享全景图。进入渲染的界面，点击"全景图"（图9-35），调整好视角，视角最好在这个空间的空地上，点击"立即渲染"即可。

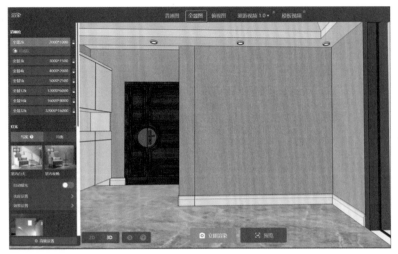

图 9-35

点击"图册"找到渲染好的全景图左键点击打开，在左下角找到"分享"的图标，打开手机微信扫一扫，扫描二维码，点击"发送给朋友"即可。

渲染好的全景图也可以美化，点击"全景设置"（图9-36），会出现"全景图编辑器"的面板（图9-37），可以修改全景图的亮度、饱和度等。

全景图分享的方法与普通图有一定的区别，全景图只能扫描二维码微信分享（图9-38）。

图 9-36

图 9-38

图 9-37

第10章 定制橱柜设计

1. 厨卫定制模块介绍

　　厨房中的橱柜除了可以使用智能设计，还可以依次点击"公共库""厨卫""厨房"去布局，但是尺寸都不是特别精确，也无法达到想要的效果。这节我们来看如何做定制的橱柜。

　　在左侧面板点击"行业库"，点击"厨卫定制"（图10-1），就进到"厨卫定制"的界面了。

　　想要自己设计橱柜，那就必须要进到"厨卫定制"里，如果想要退出去，就点击上面工具栏的"退出厨卫定制"（图10-2）。这里一定要注意，在厨卫定制的模块里是没有瓷砖、墙纸、沙发这些模型的，如果想要放这些模型，要退出定制才可以。

图 10-1

　　下面我们来认识一下"厨卫定制"的界面，首先我们先看看界面最左侧的四个小图标都是什么功能。如图10-2所示，a处是"公共库"，我们大多数用到的东西都是公共库的，后面会重点介绍这里面的模块。b处是"品牌专区"，c处是"我的"，收藏或者上传后的素材都可以在这里找。d处是"行业库"，可以进入其他定制模块。

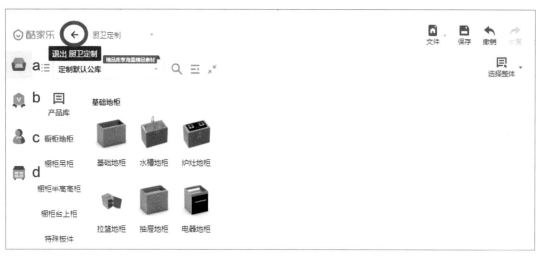

图 10-2

现在我们来讲公共库中的模块，首先公共库有四个大类："产品库""组件库""组合库""材质库"，每一个库都有自己对应的功能。

如图 10-3 所示，产品库中有橱柜地柜、橱柜吊柜等柜类产品的分类，组件库中是一些层板、竖版、门板等板件（图 10-4）。组合库中是一字形、L 形、岛台的橱柜组合（图 10-5），材质库中就是橱柜用到的一些材质（图 10-6）。

图 10-3　　　　图 10-4

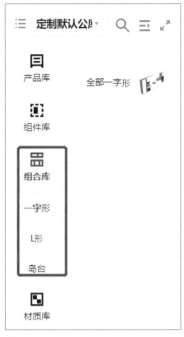

图 10-5

图 10-6

2. 橱柜地柜的设计布置

我们先来布置橱柜的地柜，点击右上角的"视图"，点击"厨房"（图 10-7），进到厨房的空间。按数字键 4 进入漫游模式，再调整视角到正对着要做地柜的那面墙上（图 10-8）。

图 10-7

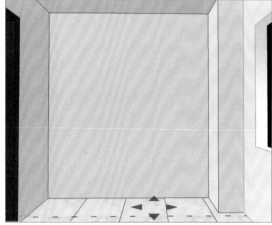

图 10-8

如图 10-9 所示，在"产品库"中左键点击"特殊板件"，然后再点击"地柜封板"，最后左键点击"地柜封板－右"或者"地柜封板－左"就可以（图 10-10），移动鼠标光标到墙面上左键点击（图 10-11）。

这里需要注意模型背靠哪面墙就点击哪面墙，在放的时候直接点击墙面的中间部位即可，不用放在墙边，我们可以通过参数来确定具体位置。

图 10-9

图 10-10

图 10-11

将模型放到空间中后，点击距墙的尺寸，改为 0 mm 后按回车键（图 10-12），这样封板就可以靠墙了。

左键点击封板，将右侧面板的宽度尺寸改为 50 mm，高度参数改为 680 mm，深度尺寸改为 570 mm（图 10-13）。

改尺寸的时候可以选择锁住左侧再改尺寸，这样就可以保持封板左侧不动，尺寸在右边缩减或者延伸。

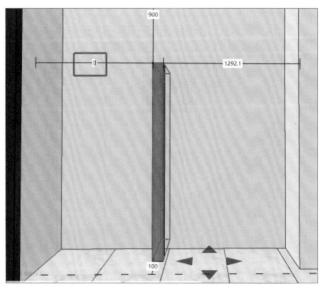

图 10-12

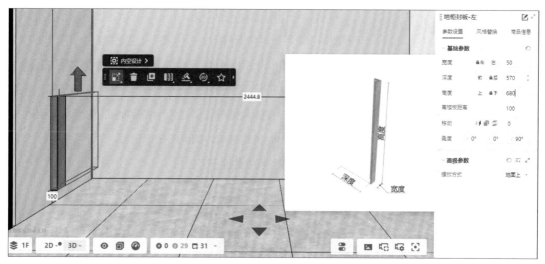

图 10-13

橱柜的地柜离地高度默认是 100 mm，在右侧参数设置的面板中可以修改离地的高度。我们把地柜的第一个封板放好后，先修改高度、深度、宽度、离楼板距离，如果不小心把方向放错了，那就左键点击先选中模型，再按住鼠标左键拖动就可以移动位置了。

定制家具的模型默认是缩放模式，方法与成品家具一样，可以选中模型按快捷键 R 来切换"移动模式""三维旋转模式""缩放模式"。

封板放好了之后鼠标移动到如图 10-14 红框所示的小图标上，点击椭圆红框中的"橱柜地柜"，再点击红色箭头所指的"基础地柜"，就找到如图 10-15 所示的"双开门地柜"，左键单击选中柜子后，将光标移动到空间中放好的封板旁边，左键点击（图 10-16）。

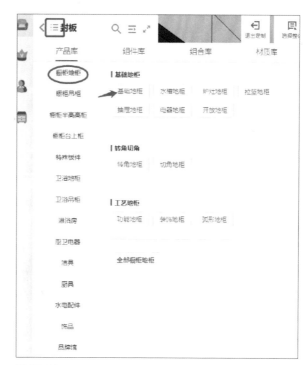

图 10-14

图 10-15

下面我们学习插入柜该如何添加。首先在左侧面板中找到"产品库",然后在"产品库"中找到"橱柜地柜"并选中,然后在面板右侧的"转角切角"下找到"转角地柜"(图 10-18)。这里需要理解转角柜的概念,知道什么是左插入柜、什么是右插入柜,找到一个"转角单开门地柜 - 右"(图 10-19),左键点击放到厨房空间即可(图 10-20)。

模型都有自动吸附的功能,我们依次给这面墙放"双抽炉灶地柜 -900""转角双开门地柜 - 右",如图 10-17 所示。不同户型有不同的构造,所以我们只需要学会如何把模型放到空间中,并且修改尺寸即可,至于要放哪一个柜子,这就需要自己来设计了。

在这里要提醒大家一句,作为一名定制家具设计师,用酷家乐软件设计橱柜就很简单,如果不是设计师,就需要按照设计师做好的 CAD 图来放置柜子了。

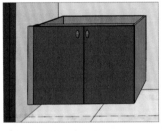

图 10-16

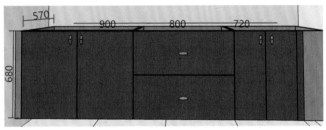

图 10-17

图 10-18

图 10-19

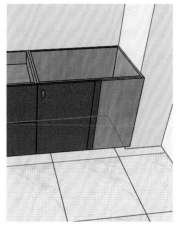

图 10-20

这个转角柜在橱柜中我们称为插入柜,现在我们来看如何修改插入柜的尺寸。左键点击选中柜子,在右侧面板中除了有宽度、深度、高度、离楼板距离还有高级参数。将光标放到右侧面板上,鼠标滚轮往下滑动就可以看到高级参数下面有两个尺寸可以修改(图10-21)。鼠标放在"门板宽度"以及"附件板宽"上,可以看到相关的详解(图10-22)。

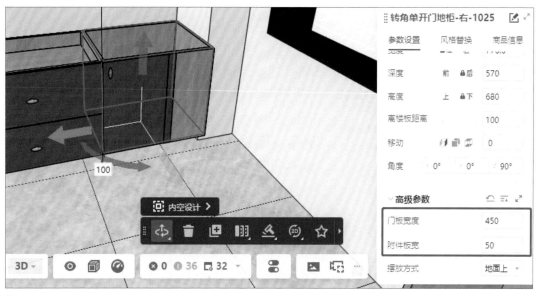

图 10-21

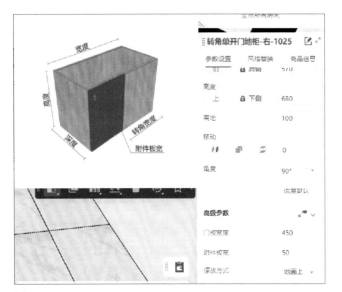

可以按照自己的设计想法来修改转角柜的参数,除了插入柜,还有五角柜、五边柜都可以用（图10-23）。转角柜里还有带转角封板的,大家可以查看一下每一个目录下的柜体样式。

图 10-22

图 10-23

把视角转到另一面墙,放置一个地柜封板,如图10-24,图中红框内的数字是与左边柜体之间的尺寸,所以想把这个封板靠到左侧插入柜上。在酷家乐软件里,门板的厚度是18 mm,所以将尺寸改为18 mm,封板就可以直接靠到左侧插入柜的门板上。

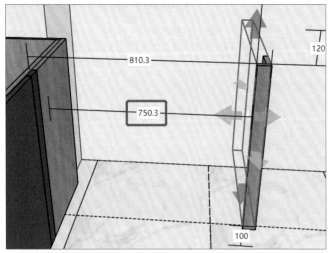

图 10-24

如果放好封板后发现左侧的插入柜门板没有调整好（图 10-25），可以继续点击插入柜调整尺寸，也可以点击右侧的"风格替换"，左键点击"柜体样式"前面的小图（图 10-26），就会出现柜体样式的面板，想替换哪个柜体就左键点击哪个柜体即可（图 10-27）。

图 10-25

图 10-26

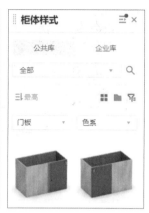

图 10-27

我们可以靠着封板放一个"电器地柜"，放进去后会变成如图 10-28 中的样子。选中电器柜，在右侧面板将深度改为 570 mm，如图 10-29 中矩形红框所示。这时候如果发现电器柜背面没有靠墙，把图中椭圆红框中的数字改为 0 mm 按回车键就可以靠墙了。

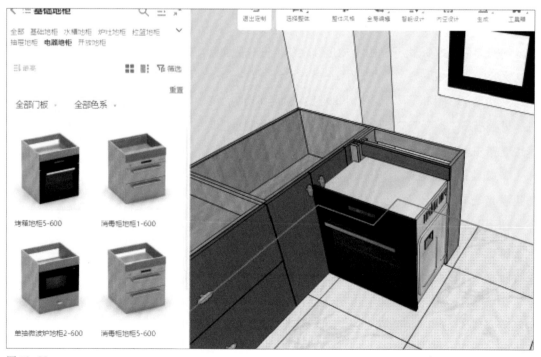

图 10-28

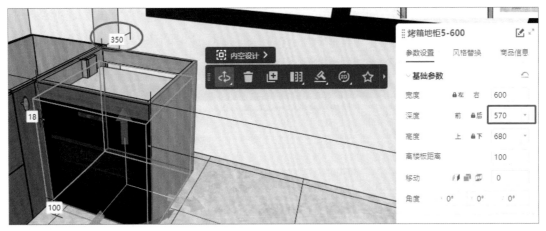

图 10-29

　　除了背面靠墙的问题之外，电器柜的左边也与封板重合了，所以我们还需要把电器柜向右移动 50 mm。这里可以点击电器柜与右面墙体的尺寸参数，在尺寸后直接输入"-50"，这样也就实现了封板向右移动 50 mm（图 10-30）。

图 10-30

　　除此之外，要移动柜子的位置，还可以点击柜子右侧面板的"移动"（图 10-31），"移动"一共有 3 种方向：第一个小图标是"左右移动"，第二个小图标是"前后移动"，第三个小图标是"上下移动"，鼠标光标放到小图标上就会显示对应的备注。

图 10-31

　　比如要把电器柜向右移动 50 mm，那就先选中电器柜然后再点击输入框，因为默认是右正左负，所以在移动的输入框直接输入"50"按回车键就可以了。如果想向下移动 20 mm，那就要选中柜子，点击右侧面板移动的第三个小图标，如图 10-32 所示，往上移动直接输入数值，往下移动需要在输入的数值前添加负号（图 10-33）。

　　接着在左侧面板选择一款"水槽地柜"放到电器柜旁边，然后按照图 10-34 中的设计来放置柜体，或者按照自己的想法来设计。

图 10-32

图 10-33

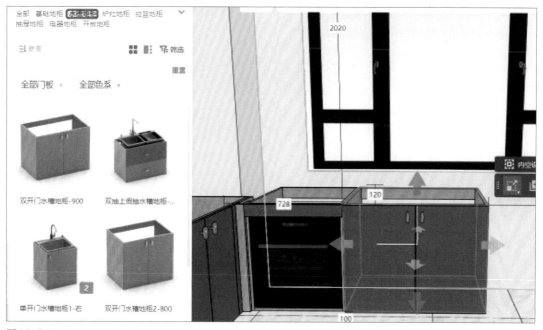

图 10-34

图 10-35

在靠墙处需要放一个转角切角柜,在左侧面板的"产品库""橱柜地柜"中找到"转角切角"(图 10-35),选择合适的一款放到空间中。想要右边靠墙,可以直接把鼠标放到向右的黄色箭头上,如图 10-36 所示,按住鼠标左键向右拖动,或者可以选中这个柜子,在右侧宽度参数修改尺寸。

橱柜地柜默认离地高度为 100 mm,大家在放第一个封板或者柜子后,就把宽度以及深度修改好,要注意柜子背面靠墙,否则后面再生成台面就会出现问题。

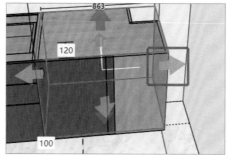

图 10-36

3. 橱柜中高柜的设计布置

这节我们来讲如何布置高柜。首先在左侧面板找到"高柜"，鼠标光标放到如图10-37上的红色箭头所指的图标上，依次找到"产品库"下的"橱柜半高高柜""电器高柜"，找到合适的一款放到空间中，默认高柜宽度是600 mm。右侧参数设置的面板中可以修改高柜的宽度、深度、高度、离地高度，还有"高级参数"（图10-38），修改尺寸都要在右侧的"参数设置"面板中进行。

如图10-39所示，靠墙放的是基础高柜中的"双开门高柜"，后面会做成冰箱柜，再放一个"电器高柜"，这里需要把靠墙的封板以及双开门高柜的离地尺寸改为0 mm。选中柜子，在右侧面板的"参数设置"中把离地数值改为"0"即可。

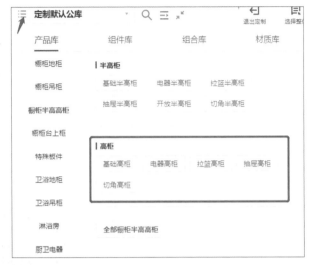

图 10-37

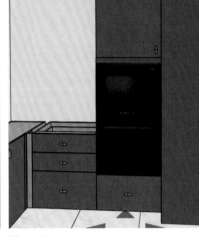

图 10-38　　　　　图 10-39

4. 橱柜中冰箱柜的设计布置

这一节我们来设计冰箱柜，上一节内容中放置的"双开门高柜"需要删掉门板、层板、底板等，然后重新添加层板放门板，我们来看看具体的操作。

首先选中"双开门高柜"，按键盘上的 Delete 键（删除键），或者点击"删除"的图标（图 10-40），这样删除的是整个双开门高柜，而不是单独删除门板。下面就有一个新的功能需要学习，按 Tab 键或者点击工具栏的"选择整体"（图 10-41），把"选择整体"切换为"选择组件"。在"选择组件"模式下就可以删除柜子中单独的板件，按 Tab 键或者点击"选择整体"又可以切换到整体模式下，选中整个柜子了。

如果不小心删错了，按住 Ctrl+Z 键就可以返回上一步，或者点击菜单栏的"撤销"也可以，返回上一步后就可以恢复。恢复上一步的快捷键是 Ctrl+Y，也可以点击菜单栏上的"恢复"（图 10-42）。

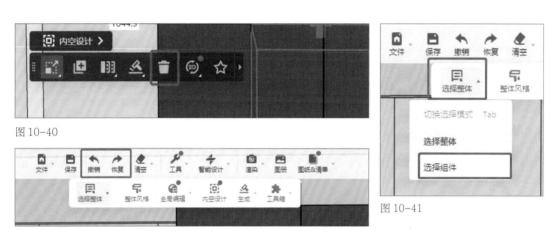

图 10-40

图 10-41

图 10-42

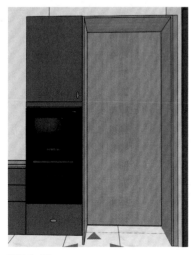

图 10-43

删掉双开门高柜上的门板以及板件（图 10-43），接下来我们需要退出定制模块，到公共库里面去找一款冰箱放进来。点击工具栏的"退出厨卫定制"（图 10-44），然后依次在"公共库"下"灯饰家电"中的"家电"里找到"冰箱"（图 10-45），左键点击一款冰箱移动到我们放好的双开门高柜中。冰箱放上去后方向可能不对，可以按数字键 1 在平面模式下旋转移动冰箱（图 10-46），也可以在漫游模式下旋转并移动冰箱的位置（图 10-47）。

图 10-45

图 10-44

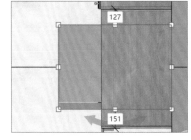

图 10-46

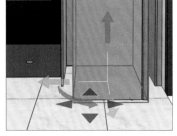

图 10-47

调整好冰箱的位置，如图 10-48 所示的一样，然后在冰箱上面加一个层板，再加一个上翻门。

首先我们要进入"厨卫定制"的模块，在左侧栏找到"行业库"，然后再找到"厨卫定制"（图 10-49），或者可以点击任何一个已经放置好的橱柜，点击"开始定制"即可（图 10-50）。下面按照图 10-51 红框所示依次找到左侧栏"组件库"下"板件"中的"层板"，鼠标左键点击层板移动到柜子中点击，层板就放好了。左键点击放好的层板，通过调整参数可以改变层板的位置（图 10-52）。

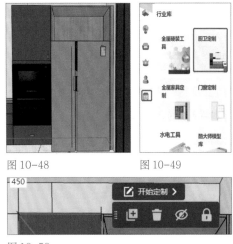

图 10-48　　　　图 10-49

图 10-50

图 10-51

图 10-52

放好层板后就可以放门板了。在酷家乐软件中，门板的尺寸是由层板、侧板、顶板、底板之间的内空来决定的。按照图 10-53 红框所示的顺序依次找到"组件库"下"门板"中的"平板"，找到上翻门左键点击，移动到需要放门板的区域（图 10-54）。

图 10-53

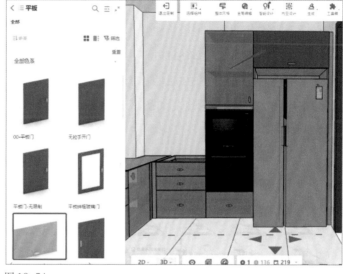

图 10-54

如果尺寸不对，可以点击门板，将鼠标移动到门板四个角上的蓝色小方块上，方块变成深蓝色后按住鼠标左键拖动调整门板的大小（图 10-55）。这里的门板大小是跟顶底板与左右侧板相关的，所以要先有顶底板以及侧板才能按照要求放置门板。

现在我们放置上翻门，如果想把上翻门变成双开门，可以点击门板，点击"切分"的图标，如图 10-56 箭头所指，右侧面板就会出现门板切分的数值，有"切分方向"以及"切分扇数"和"切分模式"。这里我们切分方向选"竖向"，切分扇数选"2"，切分模式选"等分"，再点击下方的蓝色"确定"按钮即可。

图 10-55

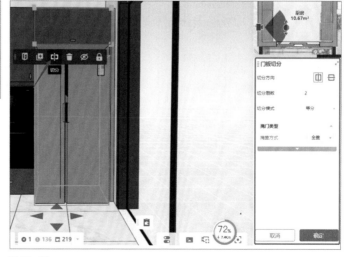

图 10-56

5. 橱柜台面的生成与材质替换

前面我们把橱柜的地柜以及高柜、冰箱柜都已经放好了，这一节来讲如何生成台面。

首先台面是根据橱柜地柜生成的，可以给全部的地柜生成台面，也可以给单独的柜子生成台面。我们先来讲如何给单独的柜体生成台面。选中一个要生成台面的柜子，鼠标光标移动到如图10-57红框所示的图标，点击"台面"，在右侧面板中点击"前挡水"前面的图标，左键点击选择一款前挡水样式，然后再选择"后挡水"，也点击前面的图标选一款样式（图10-58）。接着选材质，点击"材质"前的图标，点击"材质类型"选择大理石或者人造石（图10-59），然后左键点击一款合适的材质，全部选好之后如图10-60所示，点击右下方的"生成"按钮，再点击"完成"按钮即可。

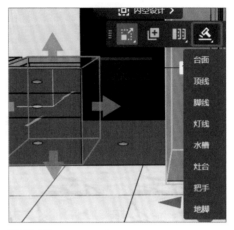

图 10-57

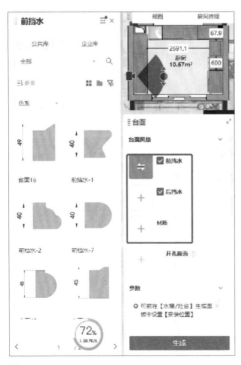

图 10-58

图 10-59

图 10-60

前一节讲了如何给单个柜体加台面，现在我们来看看如何给全部的地柜加上台面。

鼠标光标移动到界面上方工具栏的"小锤子"图标（图10-61），点击"台面"，右侧就会有生成台面的参数。按照给单个柜体生成台面的方法选择前挡水、后挡水样式和台面材质，然后点击"生成"，再点击右上角的"完成"即可。只有第一次生成台面的时候才需要选择前挡水以及后挡水的样式，后面如果再生成台面就不用选了，只需要选择自己需要的台面材质就可以了。生成台面后如图10-62所示，如果台面有问题就需要细心检查一下柜子有什么问题，比如没靠墙，或者柜子高度不一样以及柜子深度不一样等问题，都有可能影响台面的生成。

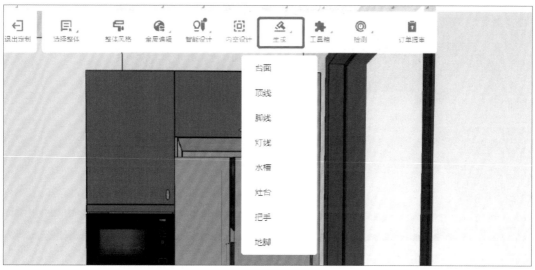

图 10-61

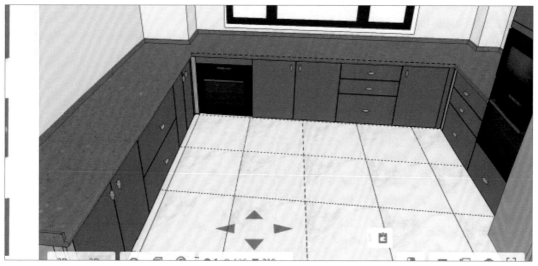

图 10-62

台面生成后想修改颜色该如何操作呢？左键点击生成好的台面，在右侧面板中点击"材质"（图 10-63），选择一款合适的材质，点击右侧面板下面的"生成"按钮，生成后点击右上角的"完成"即可。这里要特别注意的是想要选中台面，必须是在整体模式下，如果发现自己选不中台面，那就按一下 Tab 键切换到整体模式下即可。

如果想要修改台面厚度与前、后挡水高度，参见图 10-64 即可。如果橱柜高度不一样的话，生成台面的时候就在右侧面板找到"同步生成侧台面"并打开。有三种侧台面拼接方式，建议选择第三种（图 10-65），点击"生成"即可。如果橱柜没有高低台，那就不用开启这个。

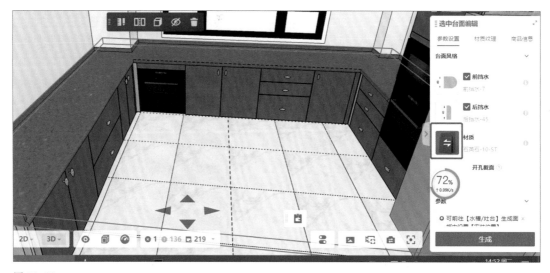

图 10-63

这里的"台面板厚度"在有侧台面的时候就可以看到，或者生成台下盆的时候可以看出来。

前挡水的高度以及后挡水的高度默认是随着所选择的样式变动，这里也可以自由修改。

台面的前后左右都可以延伸，一般情况下这里的数字保持不动，默认为"0"即可。

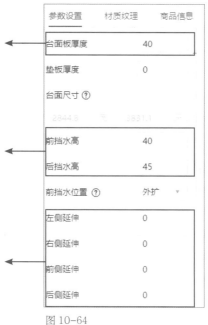

图 10-64

图 10-65

6. 橱柜灶台和水槽的添加

台面生成后我们来学习水槽与灶台如何添加。上一节我们说到如果要给单独的柜体添加台面，就点击柜体即可。生成水槽跟灶台也是一样的道理，我们要给哪个柜体添加水槽，就左键点击哪个柜体，鼠标光标移动到如图10-66红框所示的"小锤子"图标，左键点击"水槽"，在右侧面板中选择一款水槽，点击"生成"按钮后，记得一定要点击右上角蓝色的"完成"按钮。

如图10-67红框所示，可以选择水槽的安装位置，有台上、半嵌、台中、台下可以选择。

这里要注意，在生成水槽的时候一定不要点击"添加水槽"（图10-68），如果点了"添加水槽"就无法点击"生成"按钮。如果不小心点了，再点击图10-69中红色框所示的删除图标即可。

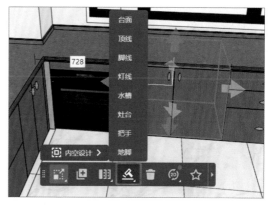

图 10-66

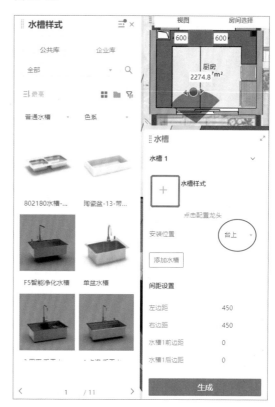

图 10-67

图 10-68　　　图 10-69

下面我们来学习生成灶台。跟生成水槽的方法一样，先选中柜体，鼠标光标移动到"小锤子"上点击"灶台"（图10-70）。在右侧面板选择灶台的样式，这里需要注意的是，如果吸油烟机是做吊柜的就不要勾选"烟机样式"，如果是独立吸油烟机不需要柜子包起来，就可以勾选"烟机样式"。点击"烟机样式"选择一款吸油烟机（图10-71），点击"生成"后，再点击右上角的"完成"按钮。

不论生成台面、水槽灶台还是脚线、顶线，只要是有样式的，都需要选择一款样式才可以生成，比如"烟机样式"，如果勾了就必须选一款吸油烟机，否则无法生成。

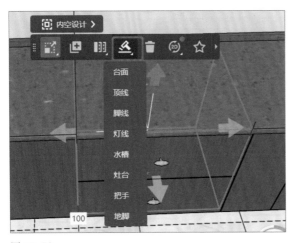

图 10-70

吸油烟机灶台生成后，吸油烟机的离地高度就没有办法修改了，如图10-72所示，如果修改了吸油烟机的离地高度，灶台也会随之抬高。所以我们如果想移动吸油烟机的位置，就需要退出定制，在公共库厨卫里面去找一款吸油烟机放进来。

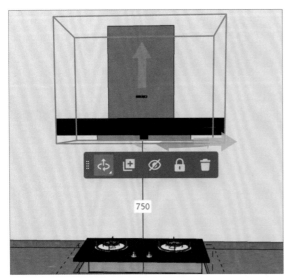

图 10-72

图 10-71

7. 橱柜脚线的生成

这节我们来学习如何生成脚线，脚线与台面的生成方法是一样的，因为台面与脚线都是按照橱柜地柜去自动生成的。如果想给单个柜体生成脚线，就选中单个柜体。如果想给橱柜地柜全部加上脚线，首先要确保没有选中任何柜体，然后鼠标光标移动到工具栏的"小锤子"上，点击"脚线"（图 10-73），右侧就会出现脚线的参数，点击选择脚线的样式以及材质，将左延伸以及右延伸的数字都改为 20 mm（图 10-74），点击"生成"后，再点击右上角的"完成"按钮。

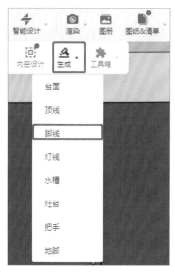

图 10-73

脚线的左右延伸改为 20 mm 是为了解决脚线转角处漏缝的问题。生成脚线后旋转视角到冰箱那一面，将冰箱隐藏后，可以看到冰箱柜的下面也有脚线，如图 10-75 所示。在整体模式下选中这一截脚线，然后删除即可。

如果想删除一部分脚线，柜体的离地高度就必须要有差别，脚线才会断开。冰箱柜的离地高度为 0 mm，高柜的离地高度为 100 mm，这样脚线就会断开，可以单独选中。

生成好的台面、脚线、顶线都需要在整体模式下才可以选中，修改材质的方法也都是一样的，选中脚线在右侧面板修改材质后，一定要点一下"生成"才可以。

脚线

基础参数

样式
脚线05-G

材质
JSJ-LGPET1604

参数

高度	78
延伸	20　20
	0　0

生成包边 ⓘ

脚线离地高度为0

生成

图 10-74

图 10-75

8. 橱柜吊柜的设计布置及测量工具的使用

这节我们来学如何放置吊柜。首先靠墙处要放吊柜封板，我们在左侧面板找到"产品库"下的"特殊板件"，然后在"特殊板件"中找到"吊柜封板"，也可以用特殊板件中的"见光板"当作封板，至于要放哪一个按照自己的设计思路就可以了。这里放的是"吊柜封板"，把放好的吊柜封板深度改为 400 mm，宽度改为 50 mm。放好一个后可以用"复制"的功能放另一面墙的封板。点击选中封板，然后选择"复制"按钮，如图 10-76 红框所示，或者按住 Ctrl+C 键也可以复制。点击"复制"按钮后，移动鼠标再点击墙面就可以复制出一个封板，利用墙面上的尺寸来调整封板的位置。

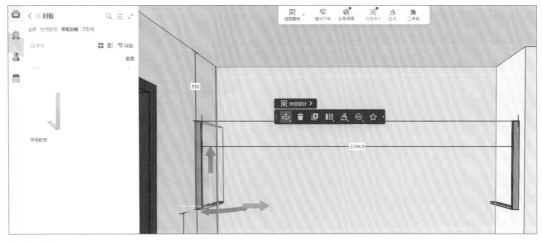

图 10-76

图 10-77

放好封板后，依次在"产品库"找到"橱柜吊柜"中的"基础吊柜"，然后选择"双开门吊柜"放好，再找到电器吊柜中的吸油烟机吊柜直接挨着双开门吊柜放好。吊柜的分类有很多，按照自己的设计要求来放置吊柜即可。吊柜与地柜一样，也有插入柜与切角柜，修改尺寸的方法与地柜也是一样的。旋转视角到需要做吊柜的那面墙上，把吊柜也放上去。完成后效果如图 10-77所示。

将吊柜封板放到墙上后，如果发现没法靠到左边那面墙上，那是因为红框内的数字是封板到柱子的距离（图 10-78）而不是到墙面的，所以即使改为 0 mm 也没法靠到左边的墙上，这时就需要我们使用"测量工具"了。

移动鼠标光标到菜单栏上的"工具"，左键点击"测量"（图10-79），或者按一下键盘上的 Z 键，也可以找出测量工具，鼠标光标会变成一把小尺子（图 10-80）。点击吊柜封板，再点击左侧墙面，就会出现封板与墙面之间距离的数字（图 10-81）。鼠标光标移动到数字上点击左键（图10-82），输入"0"再按回车键，封板就会靠到墙上了。

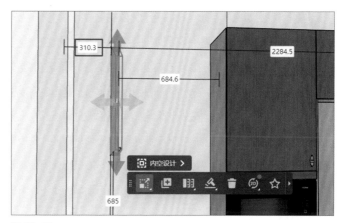

图 10-78

图 10-79

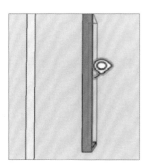

图 10-80

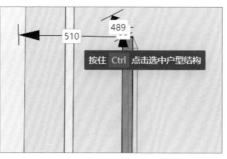

图 10-81 　　图 10-82

在把封板靠墙之后，点击一下鼠标右键，就可以取消墙面的选中状态，然后又可以测量封板与其他墙面的距离了，双击右键就取消了墙面以及封板的选中状态，可以重新选择要测量的对象了。如果要结束测量，那就直接点击右键三下或者按一下键盘最左上角的 Esc 键结束测量工具。

在靠着高柜的地方放一个"吊柜见光板"，这里的见光板分左右，见光面如果在左边就放"吊柜见光板－左"，见光面在右边就放"吊柜见光板－右"（图 10-83）。

如果见光板放上去后尺寸不对，就需要调整一下见光板的高度，如图 10-84 所示，我们可以使用加法来确定见光板的高度，直到调整为图 10-85 所示的样子即可。见光板与封板放好后找到"切角吊柜"中的"双开门切角吊柜"，剩余空间直接放一个单开门吊柜，这样吊柜就布置完毕了（图 10-86）。

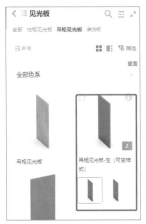

图 10-83

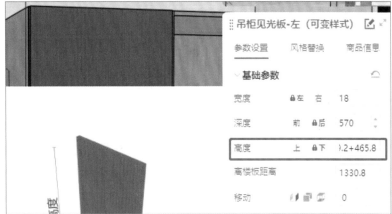

图 10-84

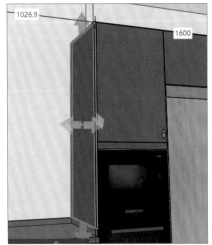

图 10-85

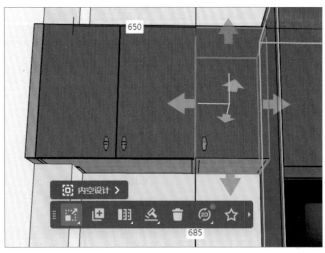

图 10-86

9. 橱柜顶线的生成

这节我们来学习顶线的生成。顶线是根据橱柜吊柜生成的,所以要想生成顶线,必须先把吊柜布置好。顶线与脚线和台面的生成方法是一样的,要想给单独的柜子生成顶线就点击柜体,点击随之出现的"小锤子"就可以给单独的柜体生成顶线。如果想给全部的吊柜生成顶线,那就点击工具栏的"小锤子",点击"顶线"(图 10-87),选择一款顶线的样式,也可以自由调整顶线高度。这里需要注意一点,如果需要顶线与柜门平齐,就需要把前侧延伸改为 18 mm(图 10-88),再点击"生成",点击右上角的"完成"按钮。

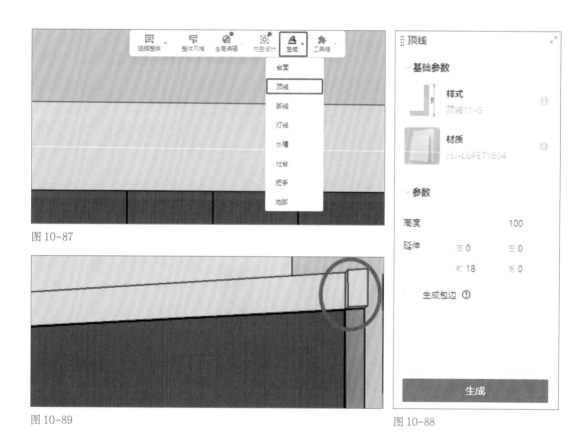

图 10-87

图 10-89

图 10-88

顶线生成后有时候会遇到如图 10-89 中出现的问题,这种情况下只需要把封板选中,把深度减去 18 mm,然后再把封板的深度尺寸改回来即可。

出现上面说的这个问题,是因为这个封板是地柜封板,在生成顶线的时候就会有一点小问题。不论顶线出现什么问题,都检查一下吊柜是不是出错了,比如吊柜深度不一致顶线就会断开。

10. 橱柜门型样式及材质的替换

这节我们学习如何替换门的样式以及材质，可以统一修改也可以单独修改，先来学习如何给单独的门板替换门型与材质。首先选中要替换门型的柜体（图 10-90），在组件模式下单独选中门板也可以，在右侧面板中点击"风格替换"，点击"掩门风格"（图 10-91）。

如图 10-92 红框中所示，可以修改"掩门样式"以及"掩门材质"，图中绿色框中的位置可以替换把手的样式，也可以删除把手。

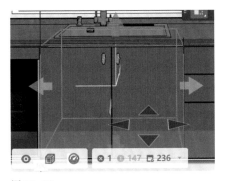

图 10-90

这里可以修改柜体材质、掩门样式、掩门材质以及把手的样式位置等，需要注意的是，如果选了免拉手的门型，记得一定要删掉拉手。

图 10-91

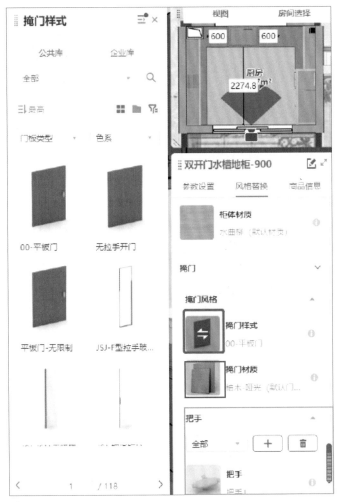

图 10-92

把手的位置也可以修改，在右侧"风格替换"中可以看到把手的安装位置以及角度。点击"安装方式"，有九个位置可以选择，也可以利用离边距离以及离地高度来确定拉手的具体位置，如图10-93所示。

下面我们来学习如何替换全部的门板，毕竟这么多门板一个一个替换是非常麻烦的。鼠标光标移动到工具栏上的"全局编辑"（图10-94），点击"全局替换"，右侧会出现全局替换的面板。

在"全局替换"里面修改柜体材质、门板样式、材质、把手等（图10-95），就可以换掉厨房空间中的所有地柜吊柜的门板样式以及材质。

需要注意的是，一定要先修改掩门样式，再修改掩门的材质。鼠标滚轮往下滑，就会看到有"抽屉风格"，这里要修改的是"抽面风格"（图10-96）。抽面的风格跟掩门的风格是分开选的。

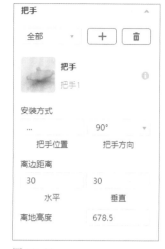

图 10-93

图 10-94

图 10-95

图 10-96

我们把柜体材质修改为白色，掩门样式选一款免拉手的门型，掩门材质也选成白色（图10-97），抽屉的面板也与掩门一样（图10-98）。这里的拉手需要删除掉，因为免拉手的门型是不需要再安装拉手的。

图 10-97

图 10-98

如图 10-99 所示，点击图中红框所示的"删除"图标，就可以删掉把手。这里需要注意的是，掩门的把手以及抽面的把手都需要删除。

把所有的材质都调整好之后，就可以将全局替换的面板关掉了（图 10-100）。

如图 10-101 所示，封板是柜体材质，应该把封板改为门板的颜色。或者大家可以直接把柜体材质与门板材质都改为白色，这里我们需要把吊柜的门板颜色改为白色、地柜的门板改为灰色，可以一个一个选中柜体，修改门板颜色。

图 10-99

图 10-100

鼠标光标移动到上方"工具"上（图 10-102），就可以看到"材质刷""定制样式刷"。"材质刷"的快捷键是 M 键，可以修改门板颜色；"定制样式刷"的快捷键是 N 键，可以修改门型。

图 10-102

图 10-101

按一下 M 键，鼠标光标会变成一个吸管（图 10-103）。左键点击选中一个灰色封板后，鼠标光标会变成一个小刷子，再点击需要刷成灰色的门板，点击右键即可结束。

图 10-103

用过"全局替换"后，转角柜的封板也会变成有门型的样式，按 Tab 键切换到组件模式下，左键点击选中封板，在右侧"风格替换"中把掩门样式修改为"无拉手开门"（图 10-104）。

然后再使用 M 键，用材质刷把封板的颜色修改成与地柜或者吊柜一样的材质即可。

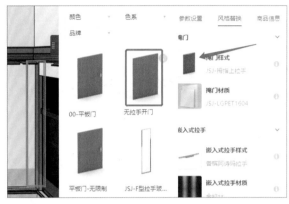

图 10-104

图 10-105

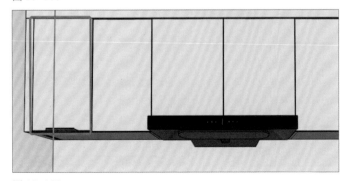

图 10-106

吊柜的门板样式需要修改为拉手朝下的门型，由于拉手已经删掉，所以我们需要选中一个吊柜，在右侧选择"风格替换"，替换门板样式为拉手在下面的门型（图 10-105）。

如图 10-106 所示，把这个吊柜门板的颜色改成白色，然后再使用"定制样式刷"吸取图中红框内的门板，再依次点击别的门板，把吊柜门板都替换成想要的样式。

11. 橱柜台上柜的设计方法

我们有时候会遇到要包天然气表管道的方案，那么在效果图中如何实现呢？这一节我们就来学习如何做台上柜。首先确定好台上柜要放在哪里，就把视角旋转到哪里（图 10-107）。

台上柜的做法有两种，我们先学习第一种比较简单的方法。台上柜靠墙处需要放一个封板，直接复制吊顶的封板即可（图 10-108）。

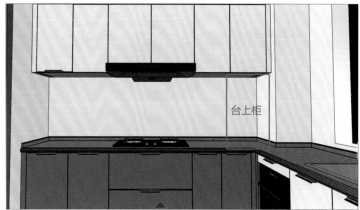

图 10-107

图 10-108

放置封板的时候，鼠标光标移动到旁边的柱子上点击左键，接下来要运用到摆放功能。左键点击封板按 P 键或者点击"摆放"（图 10-109），要放在哪个柜子旁边就点击哪个柜子，我们这里直接点击吊柜的封板，再点击下面的绿色箭头（图 10-110）。

封板的位置放好之后，就要修改封板的尺寸了。将封板的深度改为 200 mm，封板的高度是吊柜距离台面之间的距离，我们点击旁边的吊柜看一下距离台面的尺寸（图 10-111），这就是封板的高度了（图 10-112）。

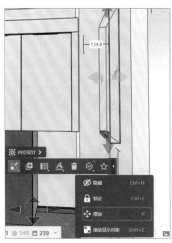

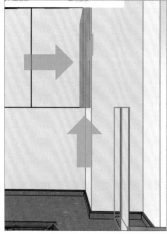

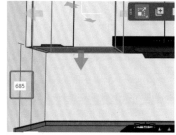

图 10-109

图 10-110

图 10-111

图 10-112

　　放好封板后再在左侧栏找到"橱柜台上柜"（图 10-113），按照刚才放封板的方法放好台上柜的位置，改好尺寸（图 10-114）。如果台上柜的高度尺寸修改不了，我们要关掉厨卫的"尺寸限制"，如图 10-115 所示，鼠标光标移动到图中箭头所指的图标上，再点击"尺寸限制"，把厨卫定制的选项去掉（图 10-116）就可以修改台上柜的尺寸了。

　　这里一定要记得，使用摆放功能一定要在整体模式下进行，组件模式下是用不了摆放功能的。

图 10-113

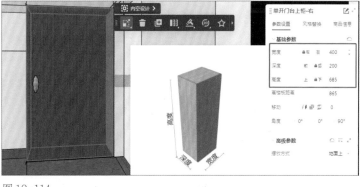

图 10-114

图 10-116

图 10-115

我们现在需要放一个板件来充当台面的后挡水，在左侧栏找到"特殊板件"下的"层板架"，然后在"层板架"中找到"层板"（图 10-117），点击放到柱子那一面墙上（图 10-118），再使用摆放功能把这个层板放在台上柜的下面。可以利用层板上的缩放箭头来修改层板的尺寸，层板宽度等于封板宽度加上台上柜宽度再加上 15 mm 后挡水厚度，层板深度等于 18 mm 门板厚度加上台上柜的深度加上 15 mm 后挡水厚度，层板的高度改为 45 mm 即可（图 10-119）。

放好层板后，使用"材质刷"吸取台面的颜色，再点击层板就可以把层板刷成台面的颜色（图 10-120）。切记如果是在组件模式下，"材质刷"无法吸取台面的颜色。

台上柜做好之后，记得使用"材质刷"把台上柜的颜色也替换成跟吊柜一样的颜色，如图 10-121 所示，看起来台面的后挡水围着台上柜绕了一圈，但是两个后挡水的边缘是不一样的。

图 10-117

图 10-118

图 10-119

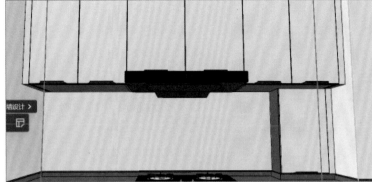

图 10-120　　　　　　图 10-121

第一种台上柜做法有一个弊端，就是用层板代替的后挡水没有台面后挡水的花型，所以我们再来学习第二种方法。

台面后挡水是照着墙面以及柱子生成的，那我们就可以在台上柜的位置放个柱子，然后再生成台面即可。

要放柱子就要知道柱子放在哪里、什么尺寸。首先我们要把定制橱柜隐藏，点击界面下方的"小眼睛"，点击"厨卫"中的"全部模型"（图10-122），这样就可以隐藏全部的定制厨卫了。

现在我们退出定制，找到户型中的柱子放进户型中，如图10-123所示，柱子的长度等于台上柜的深度加上门板的厚度，柱子的宽度等于台上柜的宽度加上封板的宽度。

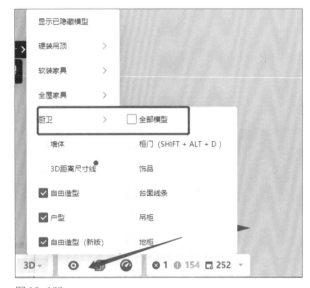

图 10-122

如图 10-124 所示，修改好柱子尺寸后，点击"小眼睛"，点击显示已隐藏的模型，按数字键 4 进入漫游模式，随意点击任何一个橱柜，点击"开始定制"（图 10-125），然后重新生成"台面"（图 10-126）。

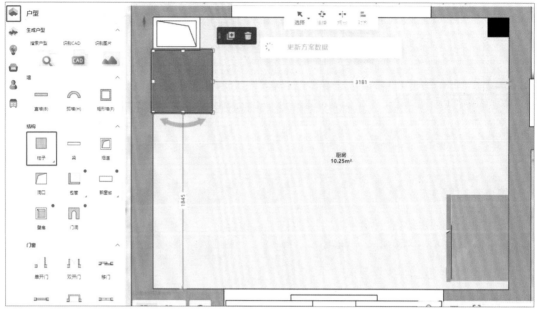

图 10-123

图 10-124

图 10-125

图 10-126

重新生成台面后，后挡水围绕柱子绕了一圈（图 10-127），现在需要把柱子删掉。但是必须要先把定制橱柜的产品隐藏后才能选中柱子并删掉。

按照图 10-122 的方法隐藏定制橱柜，按数字键 1 进入平面模式，选中柱子删掉后（图 10-128），再点"小眼睛"点击"显示已隐藏模型"，这个台上柜就做好了（图 10-129）。

图 10-127

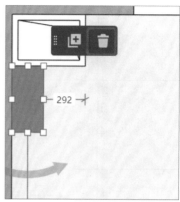

图 10-128

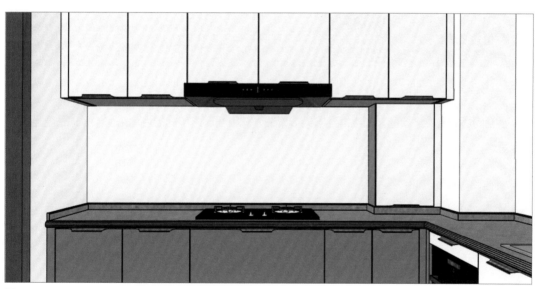

图 10-129

12. 厨房空间的渲染技巧

到这里，我们厨房的橱柜已经全部做完了，厨房的吊顶按照前面讲过的吊顶设计直接"凸出"就可以了。现在我们需要渲染厨房的空间。一般情况下厨房空间比较狭窄，所以渲染图片的时候，一定要打开"相机裁剪"（图10-130）。

图 10-130

小空间适合渲染全景图，如果需要渲染效果图，就需要调整不同的视角来渲染，记住要运用智能视角。

第11章 手动灯光的添加

1. 如何判断是否需要添加手动灯光

这节我们来分辨渲染出来的效果图是否需要添加手动灯光，如图 11-1 所示，图中顶上的灯饰亮度太高，在这种情况下就需要添加手动灯光来把灯饰的亮度调低。

图 11-1

如图 11-2 所示，这个衣柜的灯光非常暗，也需要我们去添加手动灯光，给柜子里面添加灯光来增加柜子的亮度。

图 11-2

图 11-3 红框中所示的位置射灯曝光过度了，也需要添加手动灯光来调整灯光的位置以及亮度。

图 11-3

综上所述，不论效果图渲染出来的灯光过暗还是过亮，都需要通过添加手动灯光来调整。一般情况下，大家在渲染的时候自动灯光就可以满足需求。渲染时先直接用室内白天的灯光模板，如果渲染出来觉得灯光可以，那就不用添加手动灯光。有哪里觉得太暗或是太亮，再添加手动灯光来调整即可。

2. 添加手动灯光的方法

这节我们来学习如何添加手动灯光，如图 11-4 所示，点击"渲染"进入渲染效果图的界面，在左侧栏鼠标滚轮往下滑动，点击"添加手动灯光"（图 11-5），给添加的灯光起个名字。也可以选择"室内夜晚"的灯光模板，如图 11-6 所示，点击"确定"按钮后就进入手动灯光的界面（图 11-7）。

图 11-4

图 11-5

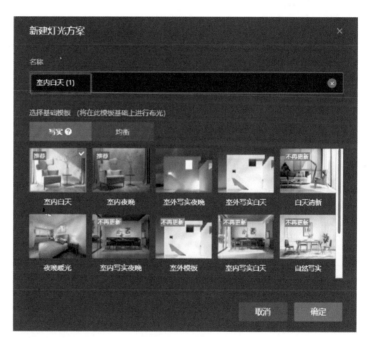

图 11-6

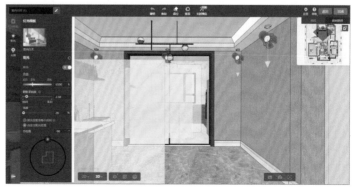

图 11-7

3. 灯光的分类及作用

手动灯光分为两种，一个是太阳光，一个是光源，如图 11-8 所示，左侧栏有"灯光模板""阳光""光源"三大模块，进来之后按数字键 1 进入平面模式可以看到灯光的分类，再按数字键 4 可以切换到漫游模式。下面我们来看看"阳光"模块中都有哪些参数（图 11-9）。

图 11-8

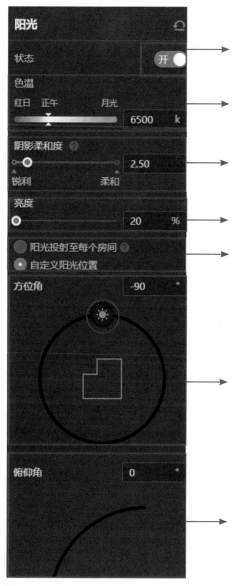

阳光状态可以选择是开还是关,默认是打开的。

这里可以选择太阳的色温,通常这里调整的色温是3 500 K~4 500 K之间,如果想要月光,那就往10 000 K以上调整。

"阴影柔和度"是阳光影子的柔和度,可以按照需求来调整。

这里可以调整阳光的亮度。

点击"阳光投射至每个房间",阳光位置会自动变化,使得渲染每个房间都会有阳光照射的效果。如果想真实一些,就点击"自定义阳光位置"。

"方位角"可以调整阳光的位置,以决定阳光从哪个房间的窗户照射进来。除了输入方位角的度数,也可以按住"小太阳"来调整太阳的位置。调整的时候在右侧户型图中是可以看到太阳位置的。

"俯仰角"用来调整太阳的高度,比如阳光是平着照进房间,还是从上到下照射,这里需要考虑房间窗户的高度。

图 11-9

如图 11-10 所示，在调整太阳方位角的时候，可以从右侧户型图中看到太阳的位置。调整太阳的俯仰角，可以拖动左侧工具栏中对应的"小太阳"来调整太阳的位置。

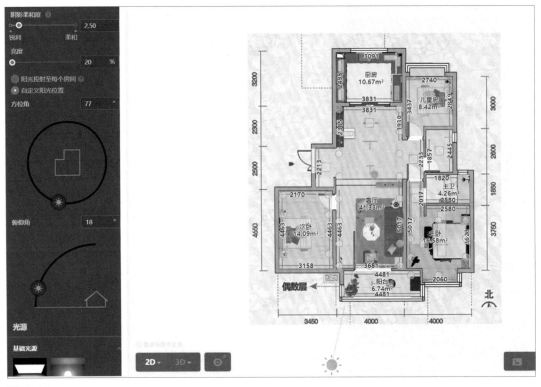

图 11-10

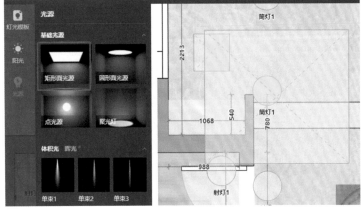

图 11-11

下面我们来学习手动灯光中的"光源"模块。首先我们来看"基础光源"中的"面光源"，如图 11-11 所示，左键点击"矩形面光源"，光标移动到户型中需要补光的地方左键点击。放好之后选中"矩形面光源"，在右侧可以修改"矩形面光源"的颜色、亮度（图 11-12），鼠标滚轮往下滑还可以修改"矩形面光源"的"高度"（图 11-13）。

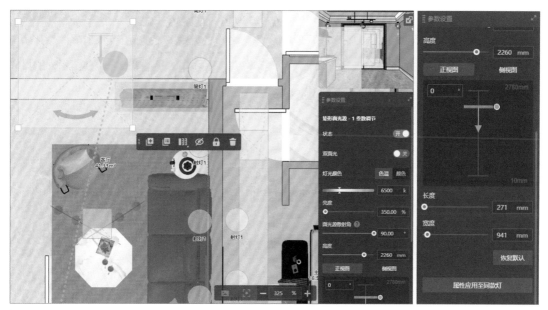

图 11-12   图 11-13

下面我们来看"点光源"。如图 11-14 所示，"点光源"的放置通常是在壁灯、吊顶、台灯等物品上，放置的时候最好按数字键 1 先切换到平面模式下，这样才能确定点光源的具体位置，然后再按数字键 4 用箭头调整点光源的具体高度。选中"点光源"，右侧界面会出现修改灯光参数的面板。

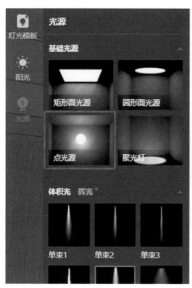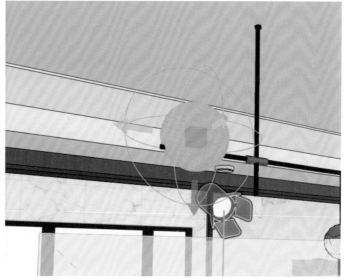

图 11-14

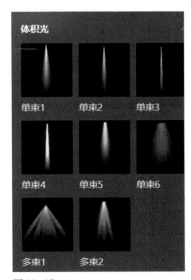

图 11-15

如图 11-15 所示是"体积光","体积光"是做舞台、婚礼现场、酒吧、KTV 等场景补光的,每个灯光的默认颜色都不一样。按数字键 4 可以在漫游模式中调整体积光的具体位置(图 11-16),右侧面板也可修改亮度。

总体来说,每一种灯光都有自己的用处,想要大面积打光就用"面光源",想要台灯、壁灯补光就用"点光源",想要五颜六色的灯光就用"体积光"。下面我们来学习"IES 光源"该如何运用。

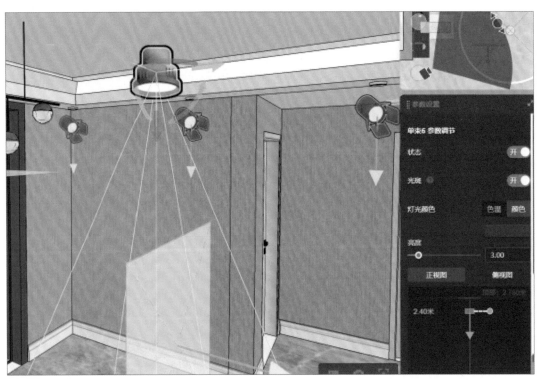

图 11-16

如图 11-17 所示，"IES 光源"有很多种，也有很多不同的灯光效果。常规情况下，酷家乐软件会自动给筒灯添加补光。这里要注意的是，如果修改过方案中吊顶上的筒灯，那就要重新添加手动灯光，系统才会给筒灯添加"IES 光源"。

除了给筒灯补光，如果要给某些饰品重点打光，也可以用"IES 光源"。但是一定要注意，最好有灯才有光，不然灯光的亮度就一定要调低一点。

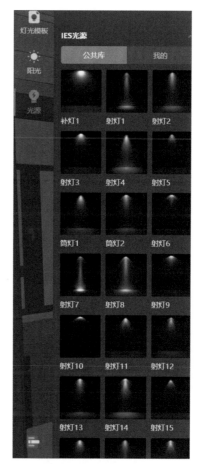

图 11-17

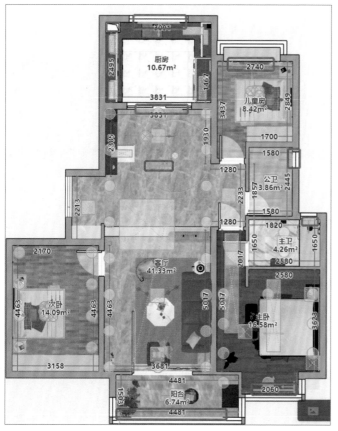

图 11-18

如图 11-18 红框所示，这些光都是从窗户照进来的天光，默认情况下不用调整。到此我们的灯光分类就学习完了，下一节我们来学习灯光添加的技巧。

4. 灯光添加的技巧

第一，按住 Shift 键拖动鼠标可以框选灯光，进行批量调整，特别是大空间筒灯、射灯数量多的时候，这个方法可以更好地提升效率（图 11-19）。

第二，选中筒灯或者射灯可以按"替换"标识，进行灯光替换（图 11-20）。

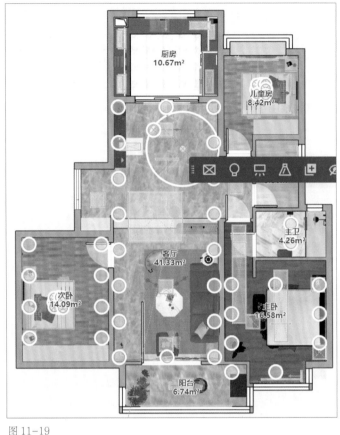

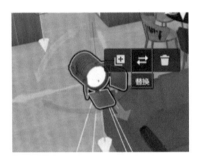

图 11-20

图 11-19

第三，如果空间使用了大面积的高纯度色彩，可以在渲染时点击左下角"高级设置"中的"溢色修正"。"环境阻光"可以让一些吊顶角线的阴影更加清晰（图 11-21）。

第四，根据不同空间的需求，可保存多套手动打光的模板，并用不同的名字加以区分（图 11-22）。

图 11-21

图 11-22

第五，放置面光源的时候距离墙面和柜子远一些，且放置空间如果是长方形，面光源的形状也应该是长方形，面积是这个空间的四分之一大小即可（图11-23）。

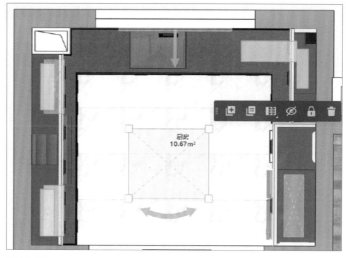

图 11-23

第六，"IES 光源"有很多种，我们经常用到的光源就是图 11-24 中这几个，其中第一个用于给物品打光，比如用于提亮床尾、沙发凳等。

图 11-24

第12章 洗衣机柜的设计布置

1. 洗衣机柜的设计方法

这节我们来学习如何设计洗衣机柜。可以用厨卫定制的橱柜来设计洗衣机柜，这样的话在橱柜的基础上加一台洗衣机，再将台面改为高低台面就可以了。

我们先把视角转到做洗衣机柜的那面墙上（图12-1），然后进入"厨卫定制"（图12-2）。洗衣机柜有两种做法，一种是台面落地，一种是台面不落地，我们先来学习台面不落地的做法。

如图12-3所示，找到"地柜封板"，先放置在要放洗衣机的那一侧（图12-4），根据自己的设计方案，修改好封板的宽度、深度、高度以及离地高度。

图12-1

图12-4

因为后续我们需要把封板后面的辅板进行延伸，所以这里放地柜封板的时候要看好方向。如果放反了，那就在整体模式下选中封板，在右侧"风格替换"的"柜体样式"中替换成合适的就可以了。

图12-2

图12-3

图 12-5

　　修改封板后面辅板的尺寸，按 Tab 键切换到组件模式下，双击辅板，在右侧面板中修改深度。选中辅板的时候，会出现辅板与后墙之间的尺寸，我们只需要直接在辅板的深度上加上这个尺寸就可以了（图 12-5）。

　　辅板修改后（图 12-6），就可以当见光板使用了。大家也可以直接加"地柜见光板"，那样更方便。

　　如图 12-7 所示，我们放单开门的橱柜地柜来替代洗衣机的位置，这里单开门的宽度是 610 mm，离地高度为 0 mm，高度为 900 mm。我们也可以根据自己的需求来定尺寸，右侧直接放了双开门地柜以及地柜封板，高度是与橱柜地柜一致的 680 mm，离地高度为 100 mm。接着给右边的双开门地柜以及封板生成脚线。要给单独的柜体生成脚线，就要选中这个柜体，按住 Shift 键不松，依次左键点击需要生成脚线的柜子，鼠标光标放到随之出现的"小锤子"图标上，点击"脚线"（图 12-8），选好脚线的样式以及材质（图 12-9），点击"生成"就可以了，记得点击右上角的"完成"（图 12-10）。

图 12-6

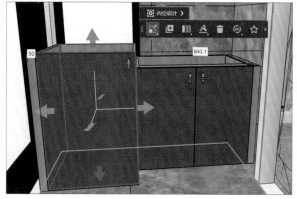

图 12-7

图 12-8

图 12-9

图 12-10

2. 高低台面的生成

做好洗衣机的柜子后就可以开始生成台面了。点击工具栏的"生成"图标，找到"台面"（图 12-11），然后在右侧界面选好材质跟样式，点击"侧台面拼接方式"的第三种（图 12-12），生成后如图 12-13 所示。台面生成后就可以把单开门的柜子删掉了（图 12-14）。退出定制后在"公共库"中"灯饰家电"分类下的"家电"中找一台洗衣机放到空位处，然后根据自己的设计在墙上放吊柜（图 12-15），再用"全局替换"来修改柜子的材质（图 12-16）。

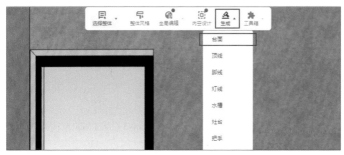

图 12-11

图 12-12

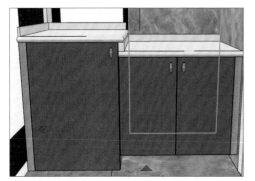

图 12-13

图 12-14

图 12-15

图 12-16

3. 洗衣机台面落地的方法

这节我们来学习如何让台面落地,如图 12-17 所示,想要达到这种效果,一共有两种方法,简单一点的就是直接把封板的材质刷成与台面一样就行,但是这样会有些瑕疵,因为封板是能看到厚度的,所以我们还要学习另一种方法。

图 12-17

图 12-18

我们要先生成正常的台面(图 12-18)。要生成台面一定要有地柜,生成台面后我们再把不需要的柜子删掉即可(图 12-19)。接下来我们需要把左侧台面的后挡水去掉,在整体模式下左键点击台面,点击第一个小图标"自由编辑"(图 12-20),进入台面编辑的页面。

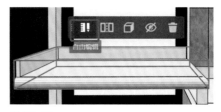

图 12-20

图 12-19

光标移动到左侧边线上，变成蓝色后点击左键，如图 12-21 右侧红框所示，把红框位置改为"无挡水"，接着继续点击左侧边线，左键点击第一个小图标"侧台面生成"（图 12-22），再点击出现的"小锤子"图标（图 12-23），在右侧面板修改侧台面的尺寸，如图 12-24。最后左键点击"完成侧台面"的蓝色按钮，再点击"开始生成"，生成后如图 12-25 所示。如果"开始生成"的蓝色按钮被挡住了也不影响，光标只要点在蓝色按钮的区域上就行。生成完成后记得点击右上角的按钮。做好之后退出定制的模块，然后到"公共库""灯饰家电"里的"家电"下面找一款洗衣机放到位置上，放置方法与冰箱是一样的，这里就不重复讲了。

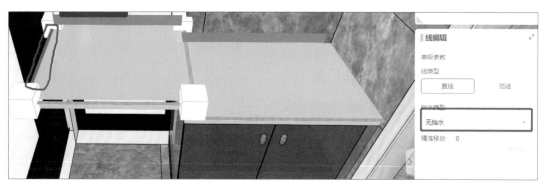

图 12-21

图 12-22

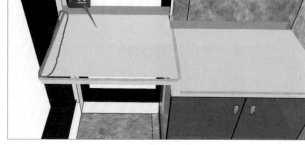

图 12-23

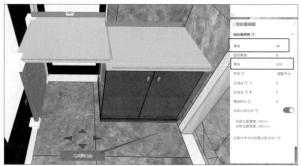

图 12-24

图 12-25

第13章 趟门衣柜的设计布置

1. 全屋定制家具模块介绍

我们所说的"趟门衣柜"指的就是移门衣柜以及推拉门衣柜，先来看看几种常见的趟门样式。如图 13-1 所示，趟门衣柜有通顶的、有带边柜的、有分上下柜的，不论是哪一种，利用全屋定制家具模块都可以做出来。

如图 13-2 所示，进入"全屋家具定制"模块，其与"厨卫定制"很相似，也有"产品库"和"组件库"等分类（图 13-3）。我们在产品库中找到"衣柜"下的"趟门衣柜"（图 13-4），其中还可能用到"产品库"中的"通用板件"。大家已经学会了如何做橱柜，衣柜相比于橱柜来说简单很多，在这里就不再赘述。

图 13-1

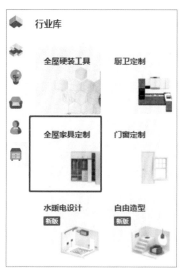

图 13-2

图 13-3

图 13-4

2. 趟门衣柜生成趟门及替换趟门样式和材质

按数字键4进入漫游模式，我们先进入要做趟门衣柜的房间里，旋转视角到放衣柜的那面墙上（图13-5）。这里需要大家把家具类的东西先隐藏掉。在左侧栏找到"封板"（图13-6），放到墙上并调整好尺寸及位置（图13-7）。然后再在左侧找到"趟门外框"（图13-8），放到空间中调整好尺寸（图13-9）。趟门外框是用来生成趟门的，所以做趟门衣柜一定要放趟门外框。

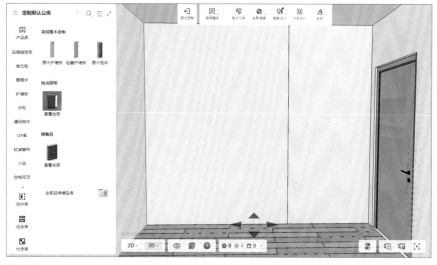

图 13-5

图 13-6

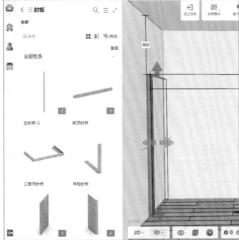

图 13-7

图 13-8

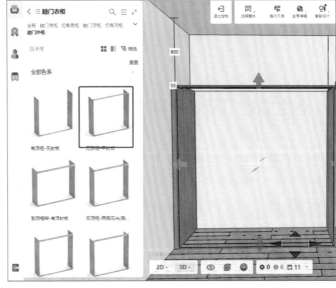

图 13-9

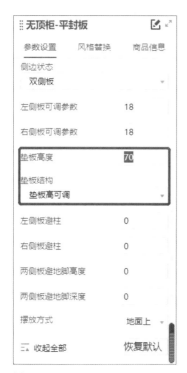

图 13-10

放进来的趟门外框默认是没有踢脚线的，想要踢脚线，就点击外框，将右侧面板的"垫板结构"改为"垫板高可调"，之后就会出现"垫板高度"（图 13-10），可通过垫板高度控制踢脚线的高度。

下面我们来生成移门。点击趟门外框，将光标放到随之出现的"小锤子"图标上（图 13-11）。点击移门，在右侧可以选择"移门"的扇数、样式、上下导轨的样式，点击"生成"按钮即可（图 13-12）。

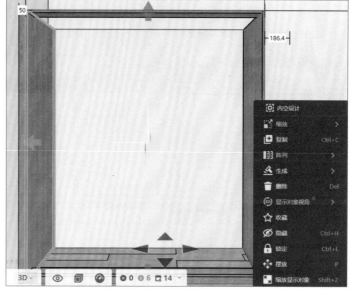

图 13-11

生成移门后如果想要进行修改，那就在整体模式下双击移门，然后再在右侧面板点击"风格替换"就可以进行修改了（图 13-13）。

图 13-12

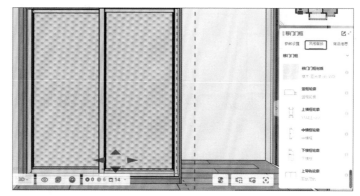

图 13-13

如图 13-14 所示，右在侧"风格替换"的面板中，上导轨以及下导轨的材质都可以修改，点击"推拉门窗扇风格"可以修改移门的样式。

移门样式里面有很多是可调的，那么，生成好的移门如何调整单扇门的样式呢？如图 13-15，按 Tab 键切换到组件模式下，左键点击右侧门扇，通过右侧"参数设置"中的"高级参数"，可以修改单扇门的区间值。这里我们把类型选为"分段"，"区间2"的尺寸改为 200 mm，右侧的门扇就会变成如图 13-16 所示的样子。

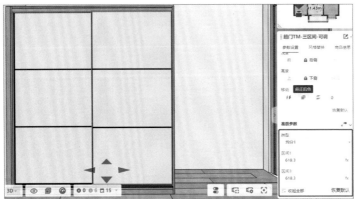

图 13-15

图 13-16

图 13-14

如图 13-17 所示，想要修改左侧红框位置的材质，就需要在组件模式下双击此位置，然后在右侧"风格替换"中点击"移门门芯材质"就可以了。上下导轨的材质可以用"材质刷"改变，也可以在整体模式下双击移门在右侧"风格替换"里面改变颜色。

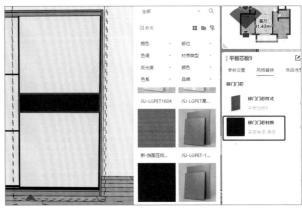

图 13-17

3. 掩门顶柜及顶封板的放置

如果不给衣柜做内部结构，只需要看外观，那我们直接在移门衣柜上加顶柜就可以了。如果移门是通顶的，那就直接选中趟门外框修改高度即可。要做有顶柜的移门衣柜，首先在左侧"产品库"中找到"掩门顶柜"（图13-18），"掩门顶柜"有四开门、双开门、单开门等样式，如果需要五开门或者六开门的顶柜，那用三开门加双开门，或者三组双开门拼起来就可以了。

如图13-19所示，我们直接放一个四开门顶柜，确定好方向，然后用"摆放"的功能把位置确定好。

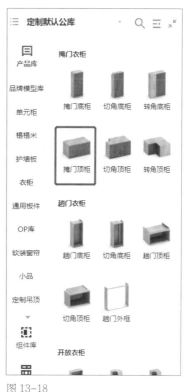

图 13-18

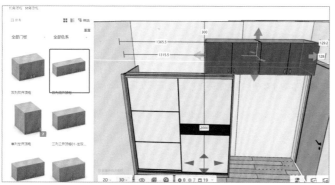

图 13-19

图 13-20

在整体模式下，左键点击选中顶柜，按P键，再点击趟门外框，左键点击上面的绿色箭头（图13-20），顶柜就会直接放在趟门外框的上面。然后再调整顶柜的宽度、深度以及高度就可以了。

我们再在右边放一个圆弧柜。在左侧面板找到"边柜"（图13-21），选中一款圆弧柜，鼠标光标放上可以看到它有左右之分，左键点击图13-22中红框所示的小图，再点击箭头所示的大图，移动鼠标把圆弧柜放到空间中，调整好尺寸即可。

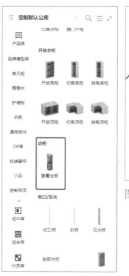

图 13-21

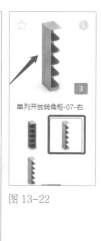

图 13-22

放好边柜的圆弧柜后，我们再找到"掩门顶柜"中的单开门顶柜，并放到圆弧柜上方（图 13-23），记得调整一下深度，带门的柜子深度都要减掉 18 mm。

现在我们来放"顶封板"，在左侧"通用板件"中找到"封板"（图 13-24）。我们这个衣柜是柜门一侧和圆弧柜一侧见光，找到如图 13-25 红框中的封板，左键点击之后移动鼠标放到空间中去。用"摆放"功能把"封板"放上去，先点击"封板"，按 P 键，点击顶柜，再点击顶柜上面的绿色箭头（图

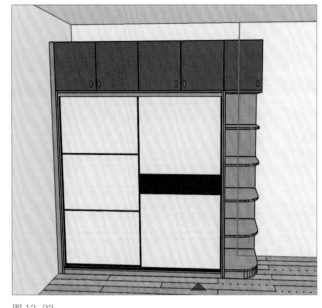

图 13-23

13-26），调整封板的宽度以及深度，移门衣柜就做好了（图 13-27）。

替换顶柜和封板的材质，方式与橱柜是一样的，可以选中柜子，在右侧"风格替换"中修改，也可以在"全局编辑"中的"全局替换"里统一修改。

图 13-24

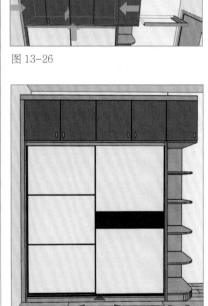

图 13-26

图 13-25　　　　　　　　图 13-27

4. 趟门底柜及层板立板的放置

这一节我们来学习如何给趟门衣柜做内部结构。首先隐藏移门，在整体模式下双击移门，点击隐藏的"小眼睛"图标，或者按 Ctrl+H 键就可以隐藏（图 13-28）。隐藏移门后在左侧找到"趟门底柜"（图 13-29）。底柜的样式有很多种，按照设计需求选择合适的即可，我们这里第一个和第二个选择无左侧板但是有右侧板的（图 13-30），第三个放无左右侧板的（图 13-31）。第一个放进去后修改一下宽度，深度是自适应趟门外框的，不用修改。这需要我们对趟门衣柜的结构有深刻的了解，趟门底柜的宽度需要按照自己设计的布局来决定。

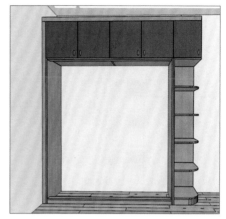

图 13-28

图 13-29

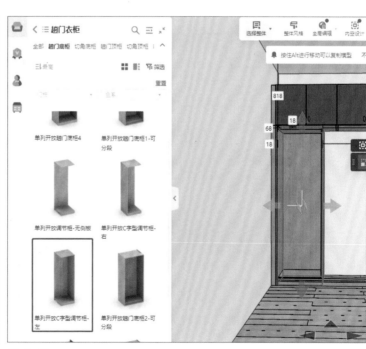

图 13-30

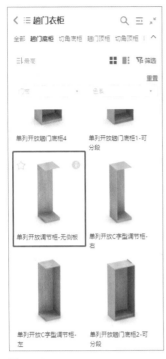

图 13-31

现在我们需要给趟门底柜里面放层板以及各种衣柜功能五金。首先在左侧先依次找到"组件库""板件""层板"（图13-32），点进"层板"的分类里，左键点击第一个层板，移动鼠标到要放层板的区域内左键点击（图13-33）。比如我们要给右侧区域放四个层板，左键点击放好的层板，点击"板件均布"的小图标（图13-34），在右侧面板输入要均布的层板数量，点击右下角的蓝色"确认"按钮即可（图13-35）。

图 13-32

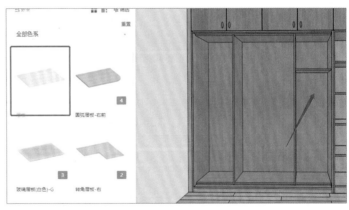

图 13-33

图 13-34

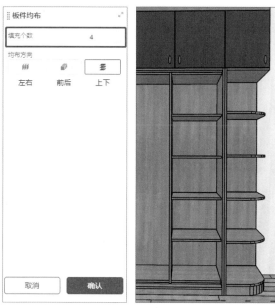

图 13-35　　　　　图 13-36

层板均布后如图 13-36 所示，竖板均布也是同样的方法。可按照自己的设计需求用层板以及竖版布局其他内部空间。

　　如果要给衣柜里面放抽屉，就在组件库中找到"抽屉"（图 13-37），需要哪一种抽屉就选择哪一种即可。这里我们放的是组合抽屉中的"裤抽 + 格子抽"，左键点击放到趟门底柜中（图 13-38），然后在左侧依次找到"组件库"下的"功能五金"，然后在"功能五金"中找到"挂衣架"（图 13-39），找到合适的一款左键点击放到趟门底柜中。放进去之后，都可以通过修改参数来调整位置（图 13-40）。

图 13-37

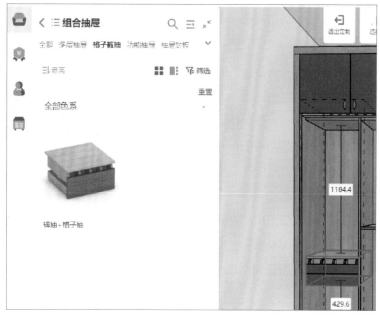

图 13-38

图 13-39

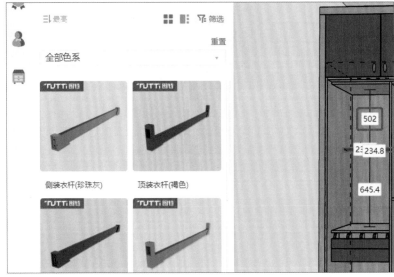

图 13-40

"层板""挂衣架"都放入趟门底柜后，如果要修改位置，可按 Tab 键切换到组件模式，再选中"层板"或者"挂衣架"。一定要记住，只有"组件库"中的"板件"是自适应柜体内部尺寸的。我们把趟门衣柜的内部结构做好后（图 13-41），可以使用"全局编辑"中的"全局替换"来修改柜体的整体颜色（图 13-42）。修改完成后会发现背板的颜色没有替换掉，这时候我们需要在组件模式下按 M 键使用"材质刷"来把背板的颜色刷成与柜体一致的颜色。

最后再点击左下角"眼睛"图标下的"显示已隐藏模型"，就可以把移门显示出来了（图 13-43）。

图 13-41

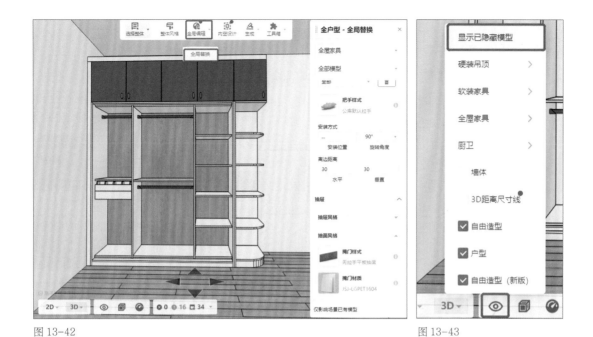

图 13-42   图 13-43

如图 13-44 所示，箭头所指的上导轨材质，在组件模式下按 M 键使用"材质刷"修改即可，或者在组件模式下点击上下导轨，在右侧"风格替换"中修改材质。如图 13-44 红框处所示，顶柜单开门的开门方向错了，在组件模式下左键点击该柜门，在右侧"参数设置"下的"高级参数"里有"掩门方向"的选项，我们把掩门方向改为"右"，拉手的位置就会随之改变。

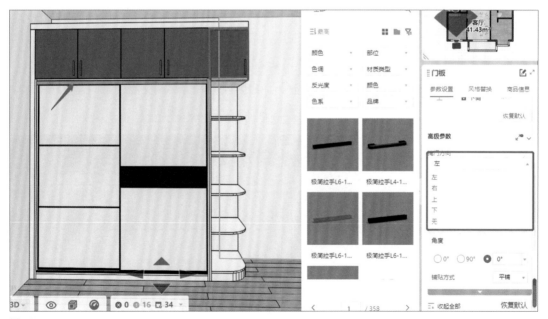

图 13-44

在组件模式下，点击衣柜柜门会出现图 13-45 中红框处所示的图标，左键点击"向左开"，就可以打开单扇门了。或者可以按快捷键 Ctrl+O 打开所有的门。

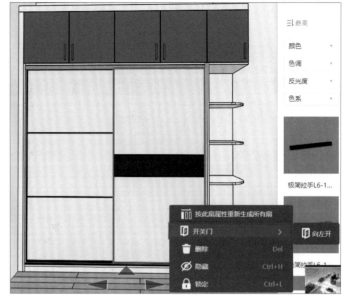

图 13-45

5. 石膏线绕衣柜的做法

趟门衣柜做好了，我们来学习如何做卧室的吊顶。这一节主要讲石膏线绕衣柜的做法，普通的吊顶做法与客厅吊顶是一样的，参考第 7 章"吊顶设计"的内容即可，我们要先查看下衣柜顶部封板的宽度、深度以及距离顶面的高度，记住这几个数字。

首先我们按数字键 2，点击要吊顶的卧室空间，点击"吊顶设计"（图 13-46），然后按 R 键用矩形工具把衣柜区域画出来，比如顶部封板宽度是 2 250 mm，深度是 600 mm，矩形的第一个数字就输入"2 250"，然后按 Tab 键输入"600"，再按回车键（图 13-47），点击鼠标右键结束。

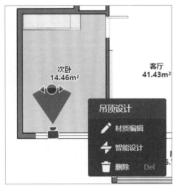

图 13-46

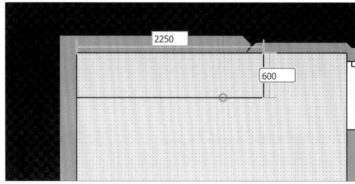

图 13-47

我们在左侧工具栏点击"线条"，之后在工具栏右侧面板中选中"角线"，选择一款合适的角线再左键点击要放角线的区域（图13-48）。如果要改变卧室的层高，那就在吊顶设计里修改"凸出"，凸出值修改为与顶部封板距离顶面的高度值一致即可。如果想要修改"凸出"，一定要把矩形区域内的"凸出"也一起修改了（图13-49）。吊顶设计完成后，退出吊顶设计即可。

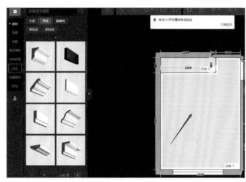

图 13-48

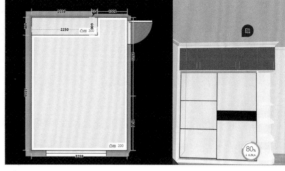

图 13-49

6. 卧室灯光打光技巧

本节内容我们来学习卧室的打光技巧，卧室除了有衣柜，还有床、窗帘、装饰等。首先在"公共库"中找到家具来装饰卧室空间。

卧室如果有台灯、壁灯，就一定要有点光源，如果模板中没有自动添加的点光源，那我们就要自己放点光源，具体方法请参考第11章第3节。

卧室灯光最容易出现的问题是衣柜上出现的曝光过度，要避开这个问题，我们只需要选择"添加手动灯光"，把衣柜顶上的灯光移开或者删除即可。

大家要记住一个原则：哪里暗了就加灯，哪里太亮就减灯。

图 13-50

如图13-50所示，自动灯光会给衣柜的空间自动加光，如果不想要这类灯光，可以在渲染界面点击"添加手动灯光"，把层板之间的面光源删掉即可。渲染卧室图片一般要在渲染界面的右侧面板打开"相机裁剪"，调整相机裁剪的数值。

第14章 掩门衣柜的设计布置

1. 掩门衣柜的常见样式

我们先来看看掩门衣柜常见的样式都有哪些，如图 14-1～图 14-5 所示，有一门通顶的，有分上下柜的，也有衣柜与书桌一体的。在做衣柜的效果图之前，要先有自己的设计方案，这样再做效果图就非常简单了。

图 14-1

图 14-2

图 14-3

图 14-4

图 14-5

2. 封板与掩门底柜的放置

先在平面模式下点击要设计的房间（图 14-6）。然后在漫游模式中转到做衣柜的那面墙，把其他家具都隐藏（图 14-7）。

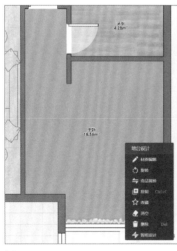

图 14-6

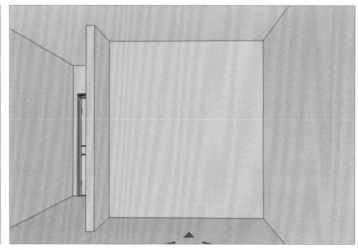

图 14-7

图 14-8

如图 14-8 所示，进入"行业库"下的"全屋家具定制"后，先找到"通用板件"里的"封板"，在左右靠墙的位置各放上一块封板（图 14-9），封板宽 50 mm，高度设置的是 2 000 mm，深度是 600 mm。

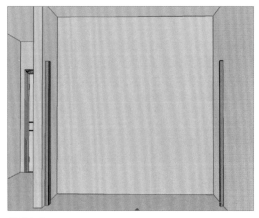

图 14-9

现在我们开始做衣柜。首先点击封板查看两个封板之间的距离，图 14-10 显示的是 2 426.4 mm，如果要做 2 400 mm 的衣柜，那就把两个封板的宽度改大，确保封板之间的距离是 2 400 mm 就可以了，但这里我们就先不做修改了。

接下来我们要在封板之间放掩门底柜，首先在左侧面板中找到"掩门衣柜"下的"掩门底柜"，如图 14-11 所示，掩门底柜的样式有很多，按照需求选择合适的样式就可以了。

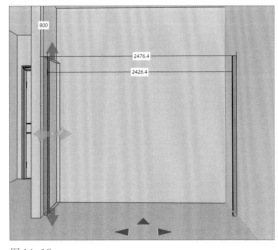

图 14-10

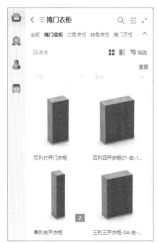

图 14-11

我们要做的是六开门的掩门衣柜，所以可以在"掩门底柜"中选3个双开门衣柜，或者1个双开门、1个四开门。先找到双开门衣柜放进空间，然后在右侧面板中修改衣柜宽度，使它的尺寸约等于总尺寸的三分之一，再找一个四开门的衣柜或者两个尺寸相同的双开门衣柜放进来就可以了（图14-12）。

如果想要做出如图14-13中衣柜的样子，那么在左侧面板中找到两个双开门衣柜和一个双开门三抽屉衣柜就可以了，放之前请注意算好尺寸。

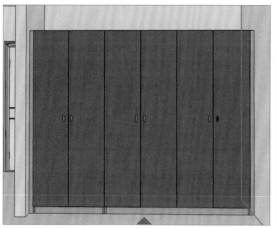

图14-12

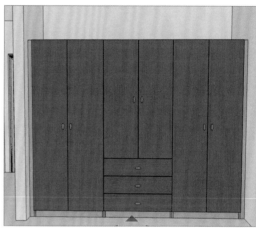

图14-13

3. 掩门顶柜及顶封板的放置

现在我们来放顶柜。放顶柜之前先把两边的封板高度加高600 mm，如果想单独再放一个封板，在左侧面板中找到"通用板件"中的"封板"，或者直接复制图中已有的封板也可以，放到门所在的那面墙上（图14-14），不然是放不进来的。

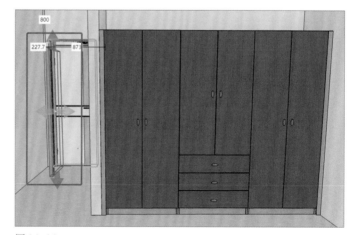

图14-14

放好后选中封板，按P键摆放，然后点击左侧封板，如图14-15所示，点击封板上面绿色的箭头，然后修改封板的宽度以及高度（图14-16）。

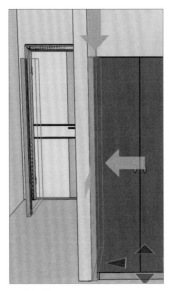

图 14-15

然后再在左侧面板中找到"掩门顶柜",如果底柜放的是 3 个双开门,那么顶柜也相应地放 3 个双开门(图 14-17)。

如果顶柜放不上去,就和放封板时一样,先把顶柜放在门所在的那一面墙上,然后再用"摆放"功能把它放上去。

如图 14-18 所示,将顶柜与封板之间的数字改为 0 mm,然后再修改顶柜宽度,使其与下面底柜的宽度一致即可。

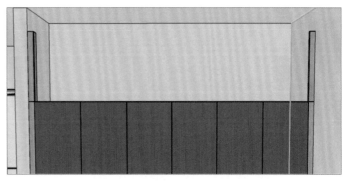

图 14-16

图 14-17

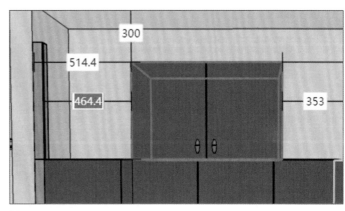

图 14-18

第一组顶柜放好后，除了要修改宽度，还要修改深度和高度的尺寸，其深度要比封板短18 mm，因为没有包含门板的厚度。另外，在修改深度的同时也要注意检查顶柜距离后墙有没有缝隙，如图 14-19 所示，我们旋转到顶柜的侧面，可以看到顶柜距离后墙还有 42 mm 的距离，点击将其修改为 0 mm，然后再陆续放好另外两组柜子就可以了（图 14-20）。

顶柜放好后我们来放顶封板，这组衣柜只有一侧见光，所以我们直接在"通用板件"下找到"封板"中的"前顶封板"，将顶封板放到门所在的那一面墙上（图 14-21），然后用"摆放"功能把它放到顶柜上（图 14-22）。具体可参考趟门衣柜的顶封板放置方法。

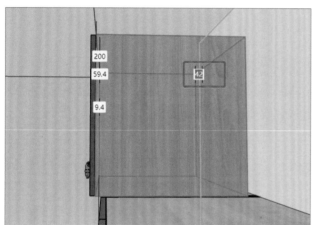

图 14-19

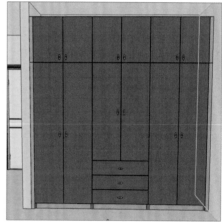

图 14-20

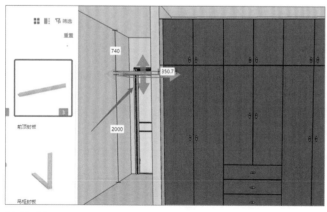

图 14-21

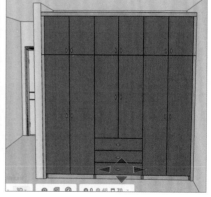

图 14-22

如图 14-23 红框中所示的前脚板是怎么放的呢？

首先在左侧面板中依次找到"产品库"下的"OP 库"，然后在"OP库"中找到"面向板件"下的"脚板"（图 14-24），然后将鼠标光标放到"后脚板"的图上，会出现如图 14-25 所示的两个小图，点击红框处的小图，"后脚板"就会变成"前脚板"，然后再点击大图，移动鼠标把前脚板放到空间中去，利用"摆放"功能把它放到底柜前面，最后用缩放的箭头或者在右侧界面修改宽度即可（图 14-26）。

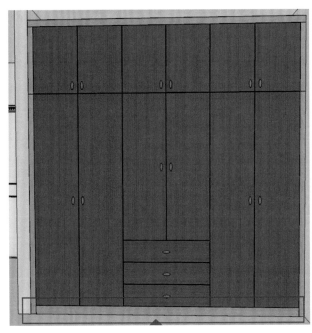

图 14-23

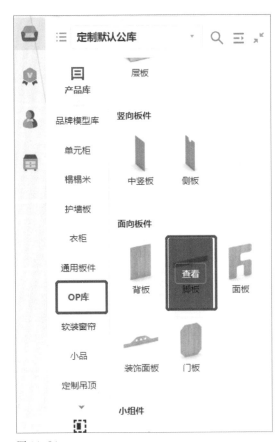

图 14-24

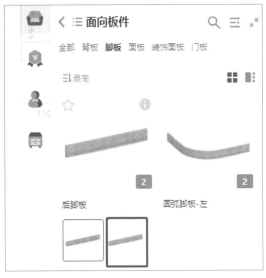

图 14-25

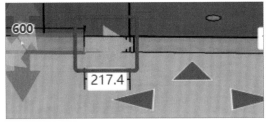

图 14-26

4. 掩门衣柜的门板样式及材质替换

掩门衣柜的材质与门型的替换和橱柜是一样的，可以直接在"全局编辑"下的"全局替换"中修改；也可以点击单独一个门板或柜子，在右侧"风格替换"中修改，然后再用 M 键和 N 键来把其他门板颜色与门型也一并修改了。

设置掩门衣柜要特别注意拉手的离地高度，如图 14-27 所示，底柜的拉手高度不在同一位置就会影响美观，我们按 Tab 键切换到组件模式下，点击门板，在右侧"风格替换"中有拉手的"离地高度"可以修改。这里我们把几个门板拉手的"离地高度"都修改为一样的即可。

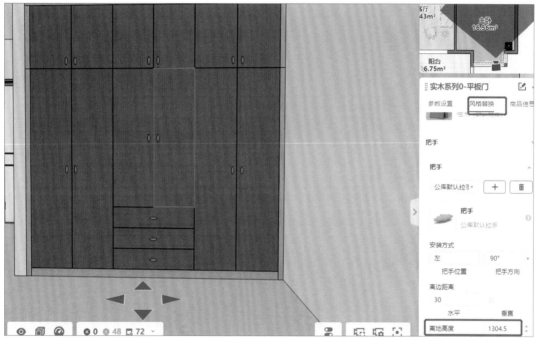

图 14-27

图 14-28

如图 14-28 所示，替换完衣柜的材质和门型后，就可以给衣柜做内部分区了。

5.掩门衣柜内部分区设计

掩门衣柜的内部分区与趟门衣柜是一样的，我们在左侧面板中找到"组件库"下的"板件"（图14-29），用层板和竖版划分内部空间，然后再放置功能五金即可。

需要特别注意的是抽屉的放置，我们在左侧"组件库"找到"组合抽屉"中的"多层抽屉"，如图14-30所示，放到掩门衣柜中后，需要选中抽屉在右侧"参数面板"中修改深度，一般掩门衣柜的抽屉深度都要减掉80 mm或者30 mm。

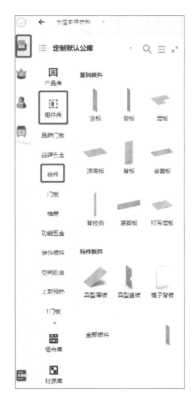

图 14-29

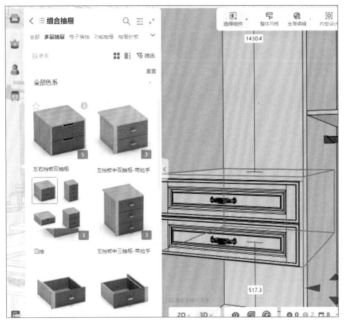

图 14-30

除了"层板""竖版""抽屉""功能五金"之外，"组件库"中还有"L/T架"等选项（图14-31）。如果开放区域需要套色，那就依次找到"组件库"下"空间组合"中的"收纳柜"，然后在"收纳柜"中找到"内嵌柜"，就可以用来套色了。

"组件库"中的素材在放到柜子中后，需要按Tab键切换到组件模式下才可以选中。

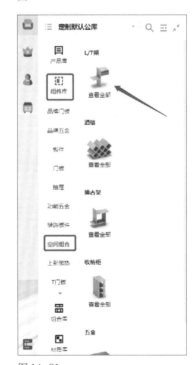

图 14-31

6. 梳妆台与掩门衣柜组合案例

如图 14-32 所示的梳妆台衣柜组合怎么做呢？首先，右侧的三门衣柜我们使用"万能柜"制作，如果是普通的三门衣柜，那就在"产品库"中找到"衣柜"下的"掩门底柜"就可以了。但这里是分上下的三门衣柜，在"掩门底柜"中没有合适的样式，那我们就用"万能柜"做。

在要做衣柜的空间中靠墙放好封板，然后在左侧"产品库"依次找到"单元柜"下"万能柜"中的"标准结构"（图 14-33），然后点击第二个柜子并将其放到封板旁边，修改好宽度以及高度即可（图 14-34）。

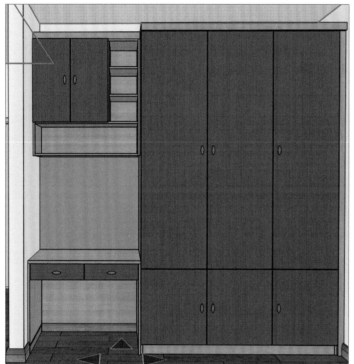

图 14-32

图 14-33

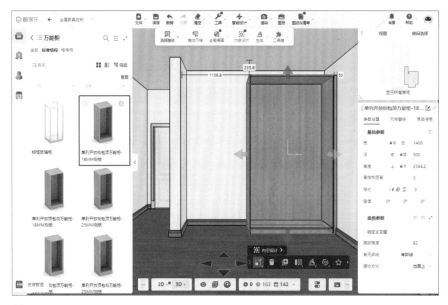

图 14-34

　　如图 14-35 所示，放好万能柜后，再在左侧界面中依次找到"组件库"下"门板"中的"平板门"，然后在"平板门"中选择一款合适的门板放到万能柜上。然后把门板进行分割，先在组件模式下点击门板，点击"切分"的小图标，然后把右侧面板的数值改为如图 14-36 红框中所示的一样。修改完成后，点击右下角的"确定"就完成了门板的第一次分割。

　　第一次分割完成后双击下面的门板，点击"切分"按钮，将右侧面板改为三等分，如图 14-37，上面的门板也切分为三等分。

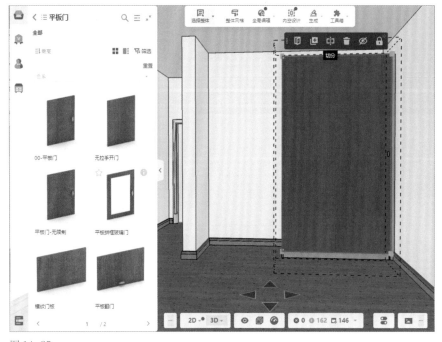

图 14-35

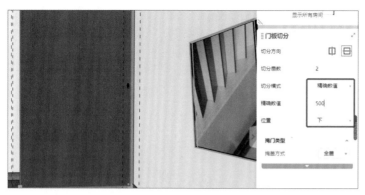

图 14-36

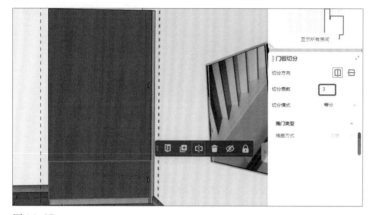

图 14-37

图 14-38

门板分割好之后，我们开始做左边的梳妆台。首先在左侧面板依次找到"书桌餐桌"中的"一字形书桌"（图 14-38），按照需求选择一款合适的书桌放到衣柜的左边（图 14-39）。

然后在左侧面板找到"单元柜"下的"标准吊柜"（图 14-40），选择一款合适的吊柜放到空间中。然后用缩放的箭头把吊柜高度拉到与衣柜的高度一致（图 14-41），再在右侧的"参数面板"里把深度修改为 320 mm。

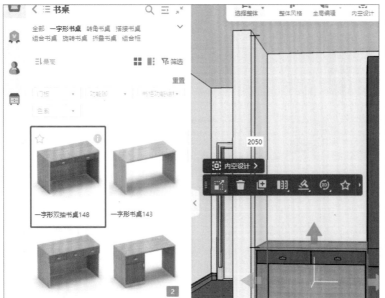

图 14-39

图 14-40

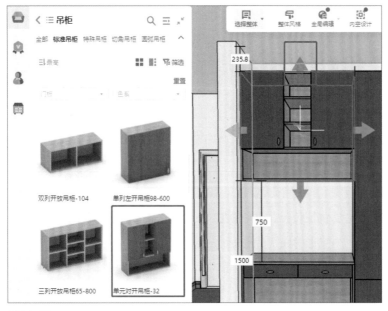

图 14-41

放好书桌与吊柜后，我们还差一个背板，如图 14-42 所示，我们在左侧面板中依次找到"OP 库"下"面向板件"中的"背板"，然后在"背板"中找到一款 18 mm 厚的背板放到空间中。放置的方法与放封板的方法是一样的，先将背板放到门所在的墙上（图 14-43），然后选中背板按快捷键 P 再点击如图 14-44 红框所示的箭头就放置成功了。

图 14-42

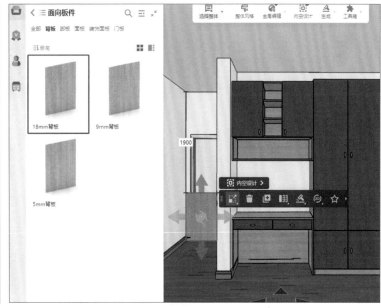

图 14-43

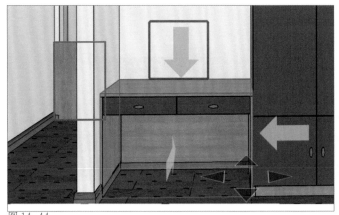

图 14-44

放好背板后用缩放箭头把背板的尺寸调整好，然后在左侧面板中找到"封板"，选择一款适合的顶封板放上去。这里吊柜和衣柜的深度不一致，所以需要放两个顶封板，具体方法可参考第 13 章第 3 节。

最后，利用"全局替换"来修改门板的样式以及颜色即可。

7. 飘窗柜的设计布置

如图 14-45 所示的飘窗柜该怎么做呢？我们可以使用"万能柜"来完成。首先把视角转到要做飘窗柜的那面墙上，然后左右各放上一块封板。

如果想要封板与墙平齐，就需要用到"测量"。如图 14-46 所示，按 Z 键，先左键点击封板，再点击墙面，出现的数字是 303，按 Esc 键或者鼠标右键点 3 下结束测量。

测量完成后，选中封板，在右侧面板的深度加上 303 mm 按回车键即可。然后如图 14-47 所示，选中封板，点"复制"按钮，在右侧也放一块封板。

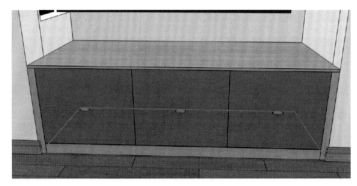

图 14-45

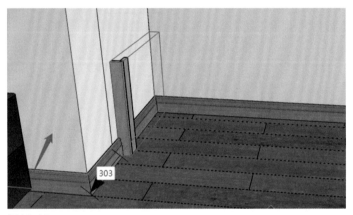

图 14-46

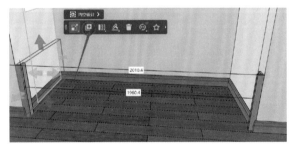

图 14-47

图 14-48

封板放好后，在左侧面板中找到"单元柜"中的"三列地柜"，这样一种放到封板旁边，利用缩放的箭头修改宽度，使其宽度与封板之间的距离相等就可以（图 14-48）。然后我们再来学习一个新的功能：如何快速地把柜子的深度与封板的深度改为一致。

左键点击选中封板，按住 Shift 键不松，左键再点击柜子，然后再点击工具栏的"适配"图标，点击"深度适配"即可（图 14-49）。这个功能也可以用到别的柜子上，可以进行深度、宽度、高度适配。

图 14-49

由于抽屉柜上有门板，所以需要把柜子选中，将深度减去 18 mm（图 14-50），这样柜子的深度才能与封板保持一致。然后再把柜子的高度加高 25 mm，我们需要把这个柜子的台面板延伸到左右封板上。

图 14-50

按 Tab 键切换到组件模式，选中柜子的台面板，把宽度锁住左侧加 50 mm，然后锁住右侧加 50 mm（图 14-51）。

图 14-51

然后我们找到"OP 库"下"面向板件"中的"脚板"，将"前脚板"放到柜子前面就可以了，如图 14-52 所示。

如果单元柜的地柜中没有合适的样式，我们也可以用"万能柜"自己做。

最后，我们可以用"材质刷"或者"全局替换"来修改飘窗柜的样式以及颜色。

图 14-52

第 15 章 鞋柜的设计布置

1. 鞋柜的基本样式

首先我们来看鞋柜都有哪些样式，如图 15-1 ~ 图 15-3 所示。鞋柜的样式有很多种，不论是哪一种样式，我们的设计思路都是一样的。

要做鞋柜，先要把设计的样式想好，然后划分区域，划分完区域后就可以着手制作了。下一节我们就来具体讲如何制作鞋柜。

图 15-1

图 15-2

图 15-3

2. 鞋柜的设计布置

图 15-4

我们来做一个如图 15-4 所示的鞋柜。可以直接放一个"万能柜",然后在"万能柜"中放层板(图 15-5),靠墙的位置就不放封板了。

我们选中"万能柜",在右侧"参数设置"中把"踢脚高度"改为 150 mm(图 15-5),然后在组件模式下选中"前脚板"并删掉,就可以做出鞋柜底下悬空的感觉了。

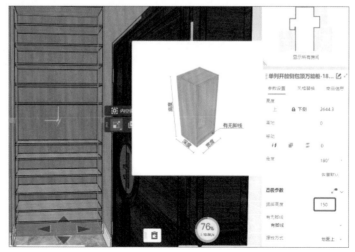

图 15-5

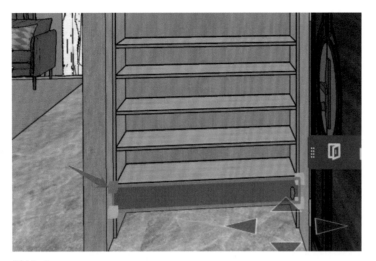

图 15-6

在左侧面板找到"组件库"中的"门板",选择合适的平板门放到需要门的位置上。左键按住门角上的小方块进行拖动,就可以改变门的大小(图 15-6)。在组件库中找到"抽屉"放到合适的位置。

图 15-7

放抽屉之前要先划分区域。首先在"组件库"中找到"竖板",选择一款适合的竖板放到抽屉所在的区域内,将其分为两份(图 15-7)。然后再在左侧"组件库"中找到一款适合的抽屉放进去(图 15-8)。

抽屉放进去后会与门板重合,我们需要选中抽屉,在右侧"参数设置"的面板中,点击如图 15-9 的下拉菜单,把"下掩"的参数改为"半盖"(图 15-10),另一个抽屉也是同样的操作。

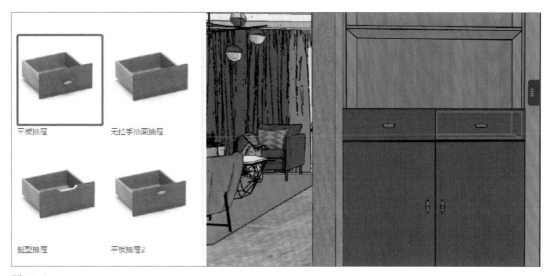

图 15-8

图 15-9

接下来，在左侧面板中找到"门板"，点击选择一款合适的门板放到鞋柜的上半部分，然后点击"切分"图标，在右边的面板中将"切分扇数"改为"2"就得到了一组对开门。

至此，我们的鞋柜就制作完成了，这是制作鞋柜中比较简单的一种做法。

还有一种做法比较复杂，需要把柜子分为上、中、下三个柜子，用到的是"单元柜"中的"吊柜""地柜"以及"万能柜"拼合制作，之前章节已涉及，这里就不赘述了。最后，在制作柜子的过程中一定要注意灵活使用"摆放"和"适配"功能。

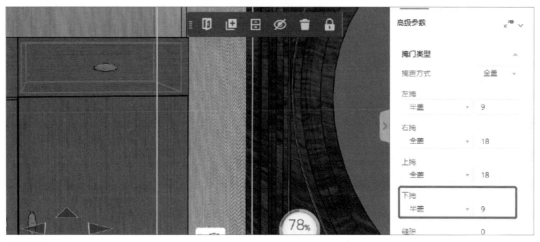

图 15-10

第 16 章　榻榻米衣柜书桌组合

1. 榻榻米衣柜书桌组合的构成

如图 16-1 所示，这是个常规的榻榻米衣柜书桌组合，它是由榻榻米、衣柜、书桌、书架等多种柜体构成的，其中衣柜可以用"万能柜"制作，也可以用"掩门底柜"来制作。书桌可以直接用"转角书桌"，而书架用"吊柜"就可以了。

图 16-1

2. 榻榻米的设计布置

首先点击右上角的"房间选择",点击要设计榻榻米的空间。如图 16-2 所示,先大致规划出房间的平面布局,计划做一个 1.8 m 宽的榻榻米,然后将衣柜放在榻榻米上,旁边是一字形书桌。做好之后的效果如图 16-3 所示。

图 16-2

图 16-3

图 16-4

图 16-5

进入全屋定制家具模块,在"产品库"中找到"榻榻米"中的"收口板"(图 16-4)。榻榻米靠墙的地方都要加上"收口板"。如图 16-5 所示,选择"榻榻米封板横放",将鼠标光标放到墙上,再把另外两边的"收口板"也放好。

将封板放入空间后，可以调整参数来确定封板的位置，如图 16-6 所示，508.6 mm 是封板距离墙面的尺寸，下面红框中的 458.6 mm 是封板距离左边封板的尺寸，所以我们点击"458.6"输入"0"按回车键，就可以把封板靠到左边封板上了。

后续我们放榻榻米、衣柜、书桌，用到的都是这个方法。

图 16-6

如图 16-7 所示，我们给榻榻米三面靠墙的地方放好封板。如果封板的尺寸修改不了，那就把"尺寸限制"关掉（图 16-8），也可以将两个封板拼成一个长的封板。

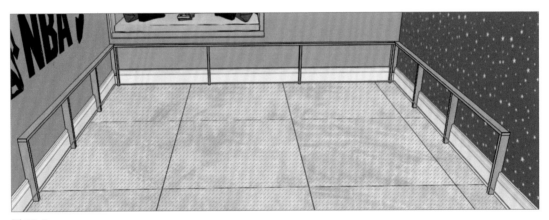

图 16-7

接下来我们在左侧找到"半封闭"的榻榻米（图 16-9）。因为榻榻米上要放衣柜，所以要找到一款适合衣柜的半封闭榻榻米放到空间中（图 16-10），然后按照设计需求调整尺寸和位置。

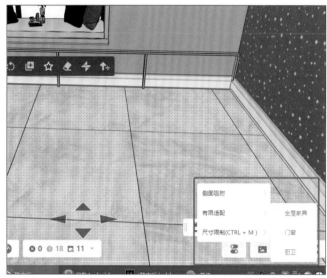

图 16-8

图 16-9

图 16-10

调整好榻榻米的尺寸和位置后，我们要把封板的大小调整一下，因为榻榻米上放的衣柜深度是600 mm。选中柜子，在右侧"参数设置"中修改封板的宽度为600 mm（图16-11）。

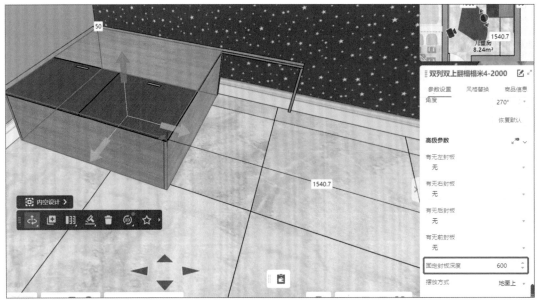

图 16-11

然后需要修改一下开门方向，按Tab键切换到组件模式，选中门板，在右侧"参数设置"中修改"掩门方向"为"上"即可（图16-12）。

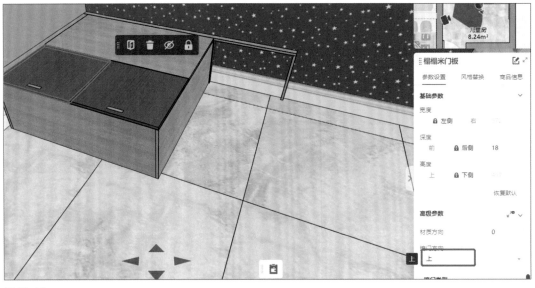

图 16-12

再在左侧找到"上翻门"中的"三列六上翻的榻榻米",放到空间中并调整好尺寸与位置(图16-13)。

具体的尺寸需要根据设计需求来确定,所以在做榻榻米效果图的时候要有一定的设计基础。

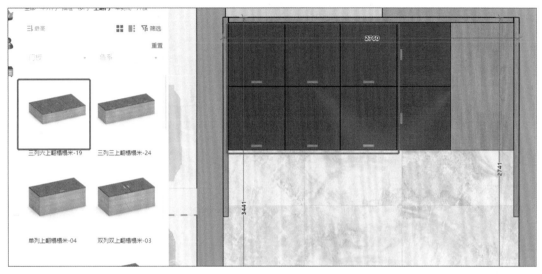

图 16-13

现在我们放一个单上翻的柜子,调整好位置以及尺寸(图 16-14)。这个柜子是封死的,所以要在组件模式下,选中"门板",把门板的"掩门方向"改为"无",然后在"风格替换"下把拉手删掉(图 16-15)。

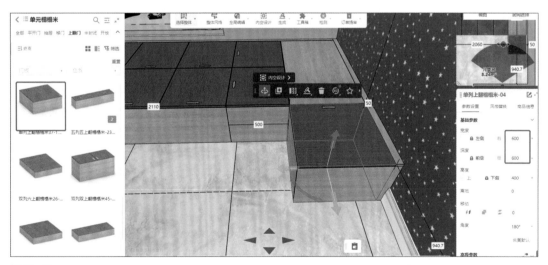

图 16-14

在左侧面板中找到"抽屉",选择一款"四列四抽榻榻米"（图16-16）。放抽屉的时候按数字键1在平面模式下比较好操作，放到空间中后把抽屉的方向调整好（图16-17），然后把柜子之间的尺寸改为0 mm来确定位置，再修改宽度即可（图16-18）。

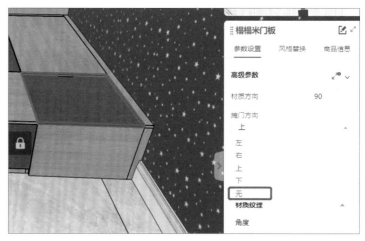

图 16-15

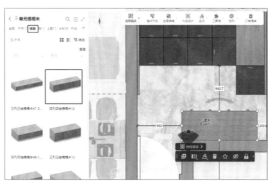

图 16-16

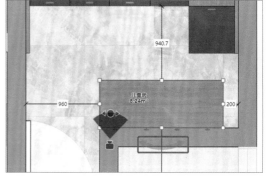

图 16-17

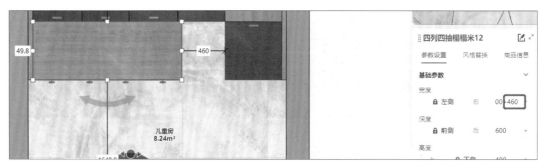

图 16-18

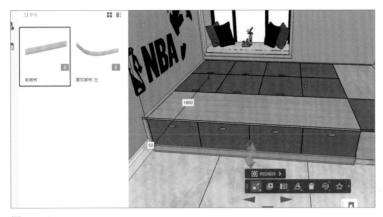

图 16-19

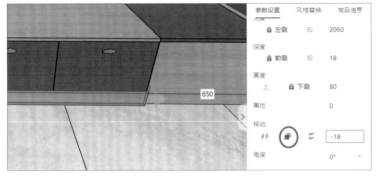

图 16-20

接着我们在"OP库"里面找到"脚板"下的"前脚板",其与衣柜放置的方法是一样的,先把脚板的方向调整好,然后使用"摆放"的功能把它放到抽屉的前面(图16-19)。

脚板放上去后,要使用精确移动的功能把脚板往后移动 18 mm。选中脚板,选择右侧"参数设置"工具栏下"移动"的第二个图标,输入"-18"按回车键就可以了(图16-20)。

到这里榻榻米就已经做好了。如果需要做不放在榻榻米上的落地衣柜,那么榻榻米也要放三面封板,只是把衣柜的位置空出来,就不需要用到半封闭的柜子了。

笔记

(1)榻榻米的封板哪个能放上去就放哪个。

(2)模型拖到空间中放不上去的时候,可以按数字键1在平面模式里面放。

(3)模型放上去如果方向不对,记得在平面模式下旋转一下。

(4)有时候也不需要将柜子放到特定的空间,即使放到墙外面也能用摆放的功能把它放到合适的位置。

3. 榻榻米上的衣柜设计布置

现在我们来做放在榻榻米上面的衣柜，首先在"通用板件"中找到"封板"，放到空间中（图 16-21），利用封板与墙之间的距离和离地高度来确定位置。这里的离地高度就是榻榻米的高度，榻榻米的高度默认是 400 mm，所以封板的离地高度也是 400 mm，深度修改为 600 mm。

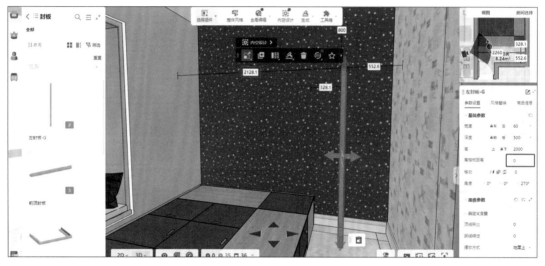

图 16-21

图 16-22

然后找到"榻榻米"中的"组合榻榻米"（图 16-22），选择"榻榻米上书框架柜"放到空间中（图 16-23）。这里要注意，由于空间比较小，我们在放这个榻榻米上面的柜子时，先放到与这面墙平行的墙面上，再使用"摆放"的功能把柜子放到封板的右侧（图 16-24），修改宽度以及高度，最后在右侧修改"可调高度"，这里改为 200 mm 就可以了。

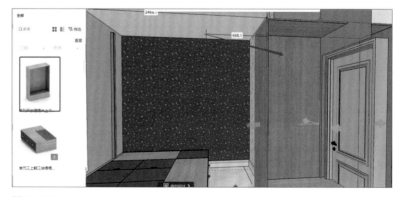

图 16-23

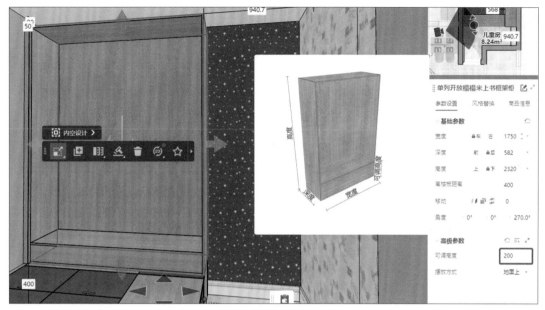

图 16-24

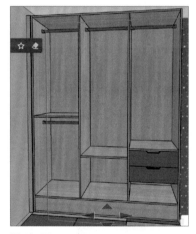

图 16-25

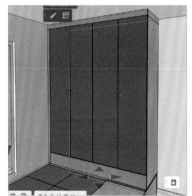

图 16-26

　　榻榻米上面的衣柜外框放好之后，就可以在"组件库"中找到"层板""竖版"等做内部结构了（图 16-25）。另外，放抽屉的时候记得在右侧参数下将"掩盖方式"改为"内嵌"。

　　如果要做趟门衣柜，要先放趟门外框生成趟门，再放趟门底柜。

　　如果不用做内部结构，就直接在"组件库"中找到"门板"，放上去再划分即可。

　　内部结构做好之后，就可以在"组件库"中找到"门板"放上去了。可以拖动门板的四个角来改变门的大小，大小合适后再把门板划分为四等分即可。如图 16-26 所示，我们还要放"前脚板"与"顶封板"，"前脚板"在"OP 库"下的"面向板件"里，"顶封板"在"通用板件"下的"封板"里。这里衣柜前侧与右侧见光，顶封板我们就放"右前顶封板"。

4. 书桌的设计布置

这一节我们来讲如何布置书桌。首先在"产品库"中找到"书桌餐桌"的分类，如图16-27所示，书桌分一字形、转角、搭接、组合等形式，每个分类里都有很多模型，大家在做书桌之前可以先看看"组合书桌"或者"搭接书桌"里有没有自己想要的模型，如果没有，再自己制作。

我们来看看"转角书桌"，每一个"转角书桌"都有左右两个方向（图16-28），如果空间太小，在放"转角书桌"的时候要先放到房间外，再利用"摆放"的功能来调整位置。"转角书桌"可以在右侧"参数设置"里面修改转角的半径，以及书桌下柜子的宽度等。

图 16-27

图 16-29

图 16-28

图 16-30

我们这里直接放一个一字形书桌（图16-29），放的时候先放到空间外或者别的墙面上，然后再使用"摆放"功能放到合适的位置上。记得修改书桌的高度、宽度以及深度，离地高度为0 mm。书架用"单元柜"下"标准吊柜"中的开放柜做就可以了（图16-30），确定好位置再放"组件库"中的"竖板""层板""门板"即可。

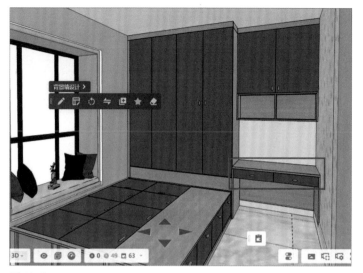

图 16-31

图 16-33

图 16-34

如图16-31红框中所示，如果想要将书桌改成无地脚的，可以用"单元柜"中的"吊柜"来制作，把所有柜子都放好后，用"全局编辑"中的"全局替换"来替换门型以及材质（图16-32）。

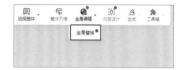

图 16-32

"全局替换"中不要修改拉手的样式，因为榻榻米上是专用的拉手。我们可以按住Shift键依次选中需要换拉手的柜子，在右侧面板"风格替换"中来修改拉手的样式。

在组件模式下，用"材质刷"就可以将背板刷成与柜体一样的颜色（图16-33）。

柜子做好之后就可以加饰品了。可以点击"智能设计"下的"定制智能饰品"（图16-34），也可以自己手动添加饰品。

第 17 章　3D 全屋漫游

1.3D 全屋漫游的生成

　　这一章我们来讲"3D 全屋漫游"，大家打开手机上的微信扫描如图 17-1 所示的二维码，就可以看到"3D 全屋漫游"了。

　　想要做成这种效果的全屋漫游，需要给每个空间都渲染一张全景图，这样才能把不同空间的全景图用箭头串联起来（生成全景图的方法可参考第 9 章第 6 节）。

图 17-1

　　我们先看一下自己的方案里面有没有全景图，点击"图册"（图 17-2），点击"全景图"（图 17-3），可以查看全景图的数量，分别都是哪些房间的。如果没有全景图，那就先去渲染全景图。

图 17-2

图 17-3

图 17-4

图 17-5

全景图渲染好之后，如图 17-4 所示，点击"全屋漫游"会出现"去生成全屋漫游"的界面（图 17-5）。

点击进入界面之后，我们可以看到渲染好的全景图都会出现在这个页面，点击"全部分辨率"可以选择合适的分辨率（图 17-6）。比如我们在一个空间内渲染了 3 张全景图，分别有 2K、3K 还有 4K 的备选方案，生成全屋漫游图时用的多是分辨率比较高的，所以可以选择 4K 的，然后再把每个空间的全景图都渲染成 4K 的。如果渲染的分辨率都是 2K 的话，那就不用选择分辨率了。

图 17-6

将第一个玄关或者客厅的空间设为起始点（图 17-7），这个起始点就是客户打开全屋漫游之后看到的第一个房间，如果想让客户打开之后看到的是卧室，那就把卧室的全景图设为起始点。再依次点击要生成全屋漫游的全景图，这里要注意，一个空间的全景图不要选择多次，可以点击"查看全景"来确定是不是想要的那个空间。

图 17-7

如图 17-8 所示，把需要的全景图都选中之后，点击右上角的"手动合成普通漫游"。

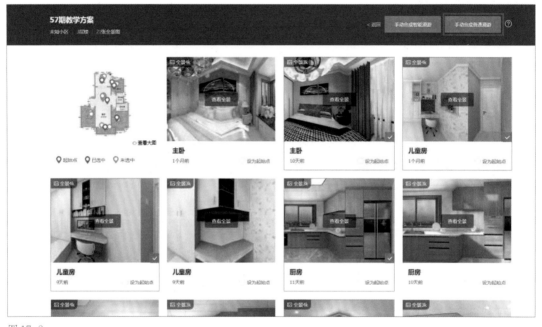

图 17-8

图 17-9

等进度条完成后，就会显示"3D 全屋漫游生成成功"，如图 17-9 所示，点击"查看全景"来看看生成好的漫游图是什么样子。

2.3D 全屋漫游的编辑

上一节我们讲了如何生成全屋漫游，这一节我们来讲生成好的全屋漫游如何编辑。如果自己的全屋漫游缺少去房间的指示箭头，或者点了箭头去的地方不对，那就要来自己手动编辑了。首先关掉全景图（图 17-10）。

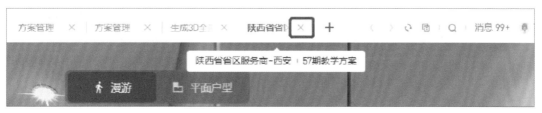

图 17-10

点击如图 17-11 所示的"编辑"，如果不小心把这个弹出窗口关掉了，就点击右上角的"查看已生成"（图 17-12）。

图 17-11   图 17-12

点击"编辑"之后会进入一个新的界面，这个与效果图美化是一样的，具体操作可参考第 9 章的内容。

我们需要用到的是"新增热点"的功能，如图 17-13 所示，点击左侧的第三个图标，可以看到房间的名称。房间名称左侧的箭头是系统自动添加的，如图 17-14 红框所示，这里可以选择想要编辑的房间的热点箭头，现在我们编辑的是走廊的箭头。

图 17-13

图 17-14

接下来制作一个从客厅、厨房、阳台到主卧、客卧、儿童房再到客厅的闭环，制作时保持每个空间都只有一个去往其他空间的箭头，这样就可以不让客户走冤枉路了。

先点击走廊的空间，也可以选择客厅，然后点击箭头的"小眼睛"，把不需要的箭头都隐藏了（图 17-15），留下需要的箭头。我们这里留下的是厨房的箭头。

图 17-15

点击左侧栏未隐藏的厨房的箭头，如图 17-16 所示，可以修改箭头的样式和名称，这里默认是厨房，我们就不用修改了，修改好了点击下方的"确认"就可以了。

下面我们要先到厨房，点击如图 17-17 箭头所指的厨房，然后再点击图中红框内所示的"小眼睛"的图标，把厨房去走廊的箭头隐藏了。

然后点击左上角的"新增热点"，把"类型"选为"场景"，再选一款箭头的样式（图 17-18），进而选择关联的场景。我们若从厨房去阳台，那么需要关联的场景就是阳台（图 17-19）。

先关联场景，然后再把鼠标滚轮往上滑修改"热点名称"，这里的"热点名称"默认是阳台，就不用修改了，直接点击"确认"按钮。

图 17-16

图 17-17

图 17-18

图 17-19

后面的步骤都是一样的。下面选择阳台，然后把阳台的"热点"隐藏，再点击"新增热点"，"类型"选为"场景"，选一款箭头样式，选择关联的场景为主卧，再修改热点的名称。

之后的主卧、次卧、儿童房都是这样的操作。给全屋漫游都添加好了箭头之后，它就形成了一个闭环。

图 17-20

大家一定要先选房间，再"新增热点"，关联场景是想去哪个房间就关联哪个房间。比如我们要给客厅的空间做一个去主卧的箭头，那就先点击如图 17-20 所示的一排房间中的"客厅"，再点击"新增热点"，"类型"改为"场景"，关联场景选择主卧就可以了。

图 17-21

如图 17-21 所示的标签我们如何制作呢？比如我们要给厨房的柜门上加标签，就在下面的空间中选择厨房，再点击"新增热点"，"类型"改为"文本"，"热点名称"改为："门板颜色：浅色胡桃"，还可以编辑"热点详情"（图 17-22），点击"确认"，然后将鼠标光标放在标签上，按住左键移动位置即可。

添加的箭头也可以移动位置，如图 17-23 所示，在"全景编辑器"中，左键点击按住箭头移动鼠标就可以移动位置。

图 17-23

图 17-22

把所有房间都设置完成后，就可以点击右上角的"保存"了。"保存"后再点击"关闭"，最后点击"查看全景"就可以看到编辑好的全屋漫游了。

"全景编辑器"还有一些别的功能，其中企业账号的用户可以看到左侧栏第 6 个图标是"全景图有效期设置"的功能，如图 17-24 所示，可以用来限制全景图的有效时间。比如设置 5 分钟之后过期，这样发给别人的图 5 分钟后就无法查看了。个人注册的账号是没有这个功能的。

图 17-24

3. 全屋漫游图的分享

我们学习了如何渲染全景图、如何生成全屋漫游，那么如何分享我们编辑好的全屋漫游呢？其实与第 9 章的全景图分享是一样的。点击"图册"下的"全屋漫游"会出现"查看普通漫游"的界面，点击进入之后，页面右侧会出现如图 17-25 所示的图标，将鼠标光标放在箭头的图标上，就会显示一个二维码，打开自己的微信扫一扫就可以看到全景图。然后点击手机右上角的三个小点（图 17-26），再点击"转发给朋友"（图 17-27），在通讯录找到好友点击发送即可。

图 17-25

图 17-26

图 17-27

第18章 拓展知识

1. 喜欢的模型如何收藏

如图 18-1 所示，想要收藏墙上的挂画，想以后做其他方案时也能用，那就左键点击挂画，点击工具栏的小三角再点击"收藏"，在出来的下拉框中我们可以选择已有的分类，也可以自己重新命名一个分类。我们这里重新命名一个"挂画"的分类（图 18-2），点击蓝色的对号图标即可。

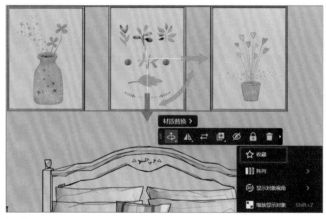

图 18-1

图 18-2

那么，收藏的东西在哪里找呢？我们在左侧栏点击"小人"的图标，点击刚才命名的"挂画"分类（图 18-3），就可以看到收藏好的模型了（图 18-4）。定制家具也可以使用"收藏"的功能，不过"收藏"之前要先组合。按住 Shift 键可以多选模型，再按快捷键 Ctrl+G 组合，就可以一起收藏了。

图 18-3

图 18-4

2. 柜内灯光添加技巧

如何在定制家具的柜内添加合适的灯光呢？默认的灯光层板几乎是没有光的，所以我们用手动灯光给需要添加灯光的柜内区域来补光。

首先点击"渲染"，在左侧找到"添加手动灯光"，如果先前有添加的手动灯光，那就直接双击。我们这里添加一个夜晚模板的手动灯光（图 18-5），然后给需要添加层板灯的区域放一个"面光源"用于模拟层板灯，所以宽度设为 18 mm，长度改为层板的宽度即可，高度调节到合适的位置，亮度调节为 1 300 %，色温 3 000 K，就可以达到如图 18-6 所示的效果了。

图 18-5

图 18-6

我们还可以在"公共库"中搜索"3.0 灯带"，找到如图 18-7 所示的灯带，放到需要层板灯的地方。这个灯是可以看见灯条的，放的时候也需要特别注意，一般在平面模式下放置，然后用移动的箭头按住 Ctrl 键来调整位置。渲染好的效果图如图 18-8 所示。

我们介绍了两种给柜内加灯光的方法。用手动灯光的面光源是只有灯光，没有灯条，所以还是需要放灯带层板的。如果选择"公共库"中的"3.0 灯带"，是可以看见灯条的。

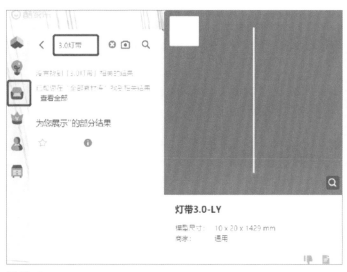

图 18-7

图 18-8

附录

酷家乐软件快捷键

	取消	Esc		多选 / 框选	按住 Shift
	确认	Enter		删除	Delete
通用	撤销	Ctrl+Z		成组	Ctrl+G
	恢复	Ctrl+Y		解组	Ctrl+Shift+G
	保存	Ctrl+S		复制	Ctrl+C
	平面模式	1	对象	左右翻转	G
	顶面模式	2		替换对象	C
	鸟瞰模式	3		取消吸附	按住 Ctrl
	漫游模式	4		移动 / 旋转 / 缩放切换	R
	重置视图	空格键		前后翻转	Alt+G
	前进	W		缩放显示对象	Shift+Z
	后退	S		画墙	B
	左移	A		画弧墙	H
	右移	D		画房间	F
视图	上移	Q	户型	连接	Ctrl+J
	下移	E		拆分	Ctrl+D
	收起或展开面板	Ctrl+0		对齐	Ctrl+A
	材质模式	Ctrl+1		正交绘制	Shift
	线框模式	Ctrl+2		全局开关门	Ctrl+O
	材质 + 线框模式	Ctrl+3		尺寸限制	Ctrl+M
	透明线框模式	Ctrl+4		全局隐藏柜门	Shift+Alt+D
	保存相机视角	Ctrl+D		查看柜体尺寸	Ctrl+I
	参考线	T	定制	组件 / 整体切换	Tab
	测量	Z		摆放	P
硬装	绘制直线	L		材质刷	M
	绘制圆	C		样式刷	N
	绘制矩形	R		随机纹理刷	J